普通高等学校"十二五"规划教材

WORKBOOK OF DESCRIPTIVE GEOMETRY
画法几何习题集

主　编　罗　臻
副主编　赵　军　郑小纯

华中科技大学出版社
中国·武汉

图书在版编目(CIP)数据

画法几何习题集/罗 臻 主编.—武汉:华中科技大学出版社,2010.9(2021.8重印)
ISBN 978-7-5609-6587-1

Ⅰ.画… Ⅱ.罗… Ⅲ.画法几何-高等学校-习题 Ⅳ.O185.2-44

中国版本图书馆 CIP 数据核字(2010)第 181385 号

画法几何习题集　　　　　　　　　　　　　　　　　　　　　　　　罗　臻　主编

策划编辑:袁　冲
责任编辑:史永霞
封面设计:潘　群
责任校对:张　琳
责任监印:周治超

出版发行:华中科技大学出版社(中国·武汉)
　　　　　武昌喻家山　　邮编:430074　　电话:(027) 81321915
录　　排:武汉兴明图文信息有限公司
印　　刷:武汉市洪林印务有限公司
开　　本:787mm×1092mm　1/16
印　　张:13.75
字　　数:180 千字
版　　次:2021 年 8 月第 1 版第 8 次印刷
定　　价:26.00 元

本书若有印装质量问题,请向出版社营销中心调换
全国免费服务热线:400-6679-118　竭诚为您服务
版权所有　侵权必究

内 容 简 介

本习题集与《画法几何》(罗臻主编,郑小纯、赵军、周敏副主编)教材配套使用,习题的编写顺序与教材内容相符。考虑到各专业不同学时的要求,习题的数量略有富余,可根据实际情况选用。

本习题集共 10 章,主要内容有投影基本知识,点的投影,直线的投影,平面的投影,直线与平面及两平面间的相对位置关系,投影变换,平面立体,曲线、曲面及曲面立体,组合形体,轴测投影等。

本习题集可作为高等学校大学本科、专科、高等职业学校各工科专业画法几何课程的教学辅导书,也可供函授大学、电视大学、网络学院、成人高校等各工科专业学生选用,还可作为有关专业工程技术人员的参考资料。

前　言

本习题集根据教育部工程图学教学指导委员会制定的《普通高等院校工程图学课程教学基本要求》,并结合近年来我国高等院校工程图学教育教学改革研究的方向和发展趋势及编者的教学实践经验编写而成。本书汇集了参加编写人员多年的教学经验及体会,是各成员数月以来辛苦劳动的结晶。

本习题集与《画法几何》(罗臻主编,郑小纯、赵军、周敏副主编)教材配套使用,习题的编写顺序与教材内容相符,选题力求加强基础理论并注意加强基本技能训练。为适应各相关专业的需要,习题量略有富余,以便各专业根据具体情况和教学需要进行取舍。本习题集对教材中第1章绪论不设习题。

本习题集由广西工学院罗臻担任主编,赵军、郑小纯担任副主编,全书由罗臻负责统稿。参加编写工作的有罗臻(第3、4、5、8、9、10、11章)、赵军(第6、7章)、郑小纯(第2章)。

本书的出版获得了广西工学院土木建筑工程系、广西工学院教务处领导的关心和支持,在此表示衷心的感谢。

本书在编写的过程中,吸收了近年来国内外部分优秀习题集中的众多优点,编者在此表示衷心的感谢。

由于编者的业务水平和教学经验所限,加上编写时间仓促,缺点和错误在所难免,热忱欢迎广大读者批评指正。

编　者
2010 年 5 月

目　录

第 1 章　绪论（不设习题）

第 2 章　投影基本知识 …………………………………………………………………………（1）

第 3 章　点的投影 ………………………………………………………………………………（4）

第 4 章　直线的投影 ……………………………………………………………………………（11）

第 5 章　平面的投影 ……………………………………………………………………………（22）

第 6 章　直线与平面及两平面间的相对位置关系 ……………………………………………（33）

第 7 章　投影变换 ………………………………………………………………………………（45）

第 8 章　平面立体 ………………………………………………………………………………（56）

第 9 章　曲线、曲面及曲面立体 ………………………………………………………………（67）

第 10 章　组合形体 ……………………………………………………………………………（83）

第 11 章　轴测投影 ……………………………………………………………………………（97）

参考文献 ………………………………………………………………………………………（107）

2-1 填空题,在题中的空白处填上正确的答案。

1. 投影法根据投射中心距离投影面的远近可以分为_____法和_____法。

2. 当投射中心距投影面为_____(选择填"有限远"或"无限远")时,所有的投射线均互相平行,这种投影方法称为平行投影法。

3. 投射中心 S 在有限的距离内,发出_____的投射线,用这些投射线作出的投影,称为该形体的中心投影。

4. 平行投影法根据投射线与投影面倾斜角度的不同,可以分为_____法和_____法。

5. 投影的三要素是_____、_____和_____。

6. 平行投影的基本性质有相仿性、_____、_____、_____和_____。

7. 在一般情况下,直线的投影仍为_____,平面图形的投影仍为类似的_____。

8. 当直线段平行于投影面时,它在该投影面上的投影反映该直线段的_____;当平面图形平行于投影面时,它在该投影面上的投影反映该平面图形的_____。

9. 两平行直线的同面投影仍然相互_____。

10. 当直线垂直于投影面时,它在该投影面上的投影_____;当平面垂直于投影面时,它在该投影面上的投影_____。

11. 属于直线的点,其投影_____该直线的同面投影。

12. 两平行线段的长度之比等于_____的长度之比。

13. 工程上常用的几种投影图是正投影图、_____、_____和_____。

14. 工程上作形体正投影图时,常使形体长、宽、高三个方向上的主向平面分别_____或_____于相应的投影面,这样画出的每一面投影都将能最大限度地反映出空间形体相应表面的实形和将其他相应表面积聚为线段。

15. 轴测投影图的优点是_____,其缺点是_____。

16. 轴测投影图在工程上常用做_____。

17. 绘制透视图采用的投影方法是_____,其图形较接近人眼的观感实际,其最明显的特征是_____。

18. 轴测投影图上空间形体原来相互平行的轮廓线,其投影_____;而透视投影图上空间形体原来相互平行的轮廓线,其投影_____。

19. 标高投影图采用的投影法为_____,其投影面的数量是_____。

20. 点的标高投影是用点的_____投影加注高程数值的方法来表示的。

2-3 根据立体图找投影图，并在立体图的圆圈内填上对应的序号。

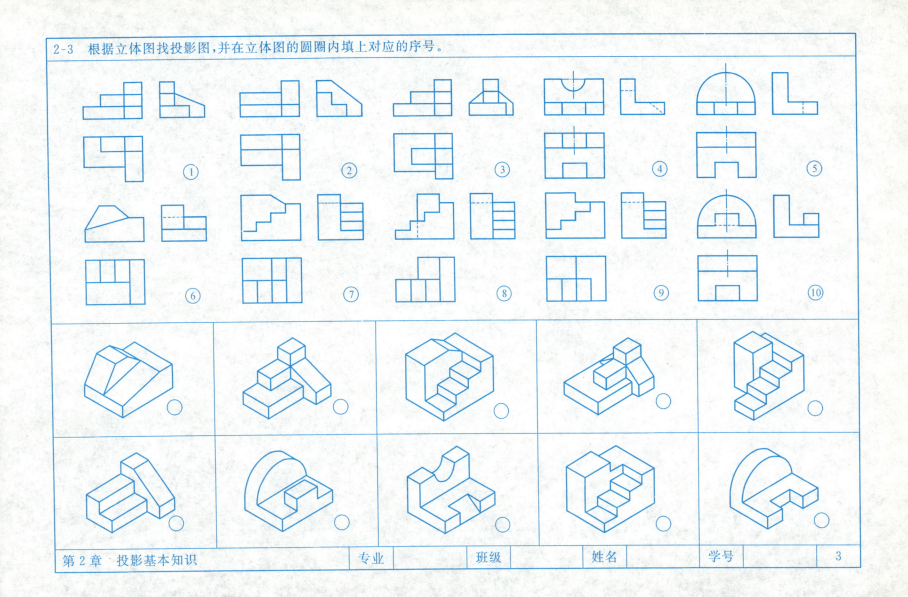

第 2 章 投影基本知识　专业　班级　姓名　学号

3-1 填空题,在题中的空白处填上正确的答案。

1. 三投影面体系将空间划分为八个分角,第一分角位于:H 面_____,V 面_____,W 面_____。

2. 我国的制图标准规定工程图样必须采用第_____分角画法。

3. 点 A 的坐标为 $(50,-30,20)$,则该点应在第_____分角;点 B 的坐标为 $(50,30,-20)$,则该点应在第_____分角;点 C 的坐标为 $(-50,30,20)$,则该点应在第_____分角。

4. 画法几何规定:投影面展开时,V 投影面_____;H 投影面_____;W 投影面_____。

5. 点的正面投影与水平投影都反映该点到_____面的距离,所以它们的连线垂直于_____轴。

6. 点的正面投影与侧面投影都反映该点到_____面的距离,所以它们的连线垂直于_____轴。

7. 点的水平投影与侧面投影都反映该点到_____面的距离,所以点的水平投影到_____轴的距离一定等于其侧面投影到_____轴的距离。

8. 点 A 的 X 坐标反映了该点对_____投影面的距离。

9. 点 A 的 Y 坐标反映了该点对_____投影面的距离。

10. 点 A 的 Z 坐标反映了该点离开_____投影面的距离。

11. 点的 X 坐标为 20,则点离开_____投影面的距离为 20 mm。

12. 位于第一分角的空间点的正面投影总是落在投影图的_____角 90°范围的区域内(包括 OX 轴、OZ 轴),点的水平投影总是落在投影图的左下角 90°范围的区域内(包括_____轴、_____轴),点的侧面投影总是落在投影图的_____角 90°范围的区域内(包括_____轴、_____轴)。

13. 点的 Y 坐标为 30,则点离开_____投影面的距离为 30 mm。

14. 点的 Z 坐标为 40,则点离开_____投影面的距离为 40 mm。

15. 点 A 的坐标为 $(10,15,20)$,则该点应在 H 面上方_____。

16. 点 D 的坐标为 $(10,25,15)$,则该点到 H 面的距离为_____。

17. 已知点 A 的坐标为 $(50,20,0)$,则该点离开 V 面的距离为_____。

18. 点 A 的坐标为 $(20,10,30)$,则该点在 V 面前方_____。

19. 已知点 A 的坐标为 $(10,20,30)$,则该点到 V 投影面的距离为_____。

20. 点 A 的坐标为 $(15,25,10)$,则该点离开 W 面的距离为_____。

21. 已知点 A 的坐标为 $(20,10,30)$,则点的水平投影 a 用坐标表示为_____,点的正面投影 a' 用坐标表示为_____,点的侧面投影 a'' 用坐标表示为_____。

22. 点 A 在 H 投影面上,其正面投影 a' 应在_____上,其侧面投影 a'' 应在_____上。

第 3 章 点的投影

23. 点 B 在 V 投影面上,其水平投影 b 应在 _____ 上,其侧面投影 b'' 应在 _____ 上。

24. 点 C 在 W 投影面上,其水平投影 c 应在 _____ 上,其正面投影 c' 应在 _____ 上。

25. 点的水平投影反映了其 _____ 坐标及 _____ 坐标。

26. 点的正面投影反映了其 _____ 坐标及 _____ 坐标。

27. 点的侧面投影反映了其 _____ 坐标及 _____ 坐标。

28. H 投影反映出空间两点的 _____、左右关系。

29. V 投影反映出空间两点的 _____、左右关系。

30. W 投影反映出空间两点的 _____、前后关系。

31. 比较两点的 X 坐标大小,可判定两点 _____ 的位置关系。

32. 比较两点的 Y 坐标大小,可判定两点 _____ 的位置关系。

33. 比较两点的 Z 坐标大小,可判定两点 _____ 的位置关系。

34. 已知两点的坐标为 $A(10,20,30)$、$B(20,10,40)$,则点 A 相对于点 B 的位置为 _____。

35. 已知两点的坐标为 $(20,30,10)$、$(20,30,50)$,则此两点在 _____ 投影面上重影。

36. 已知两点的坐标为 $(20,20,10)$、$(20,30,10)$,则此两点在 _____ 投影面上重影。

37. 已知两点的坐标为 $(20,30,10)$、$(40,30,10)$,则此两点在 _____ 投影面上重影。

3-2 已知点 A、B、C、D 的两面投影,补出各点的第三面投影。

3-3 已知点 A、B、C、D 的两面投影,补画第三面投影,并判别各点的空间位置。

点 A 位于 _____ ;
点 B 位于 _____ ;
点 C 位于 _____ ;
点 D 位于 _____ 。

第 3 章 点的投影

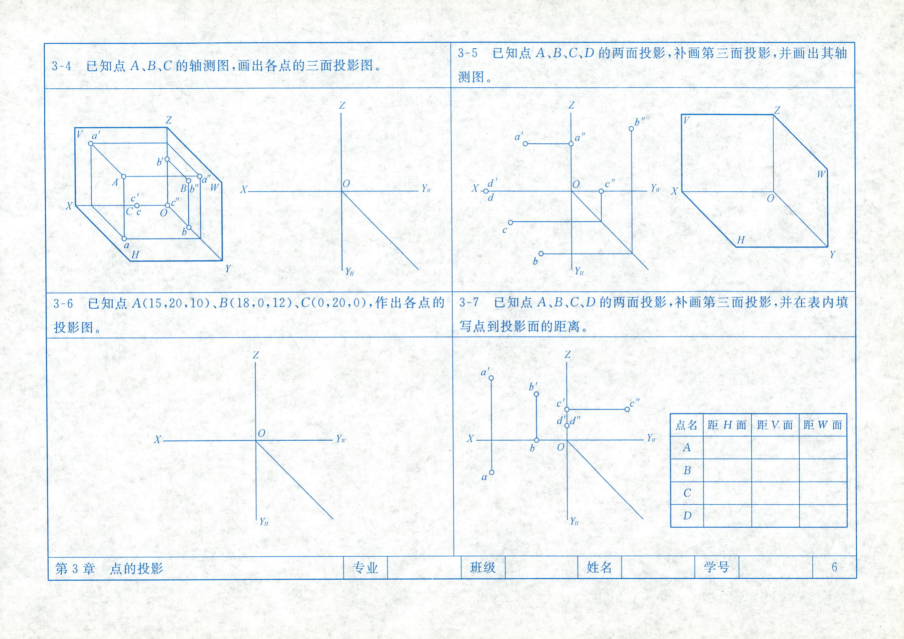

3-8 已知点 A、B 的三面投影，试判别两点的相对位置，并填空。

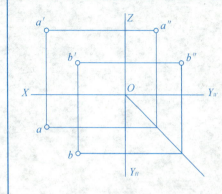

点_____在左，点_____在右，ΔX=_____mm；

点_____在前，点_____在后，ΔY=_____mm；

点_____在上，点_____在下，ΔZ=_____mm。

3-9 已知点 A、B、C 的两面投影，补画第三面投影，并判别点的相对位置。

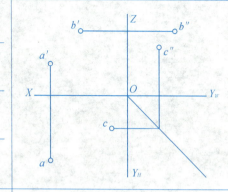

点 A 位于点 B 的_____；

点 B 位于点 C 的_____；

点 C 位于点 A 的_____。

3-10 已知：点 A(15,20,10)；点 B 距离 H、V、W 投影面的距离分别为 20、15、25；点 C 在点 A 之左 5、之上 8；点 D 在点 A 之上 12，且与 V、H 投影面等距，与 W 投影面的距离是与 H 投影面距离的一半。求各点的投影。

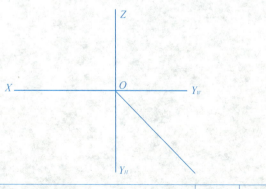

3-11 已知点 C 在点 A 之后 15，在点 B 之右 10，在 H 面之上 20，试完成 A、B、C 三点的三面投影。

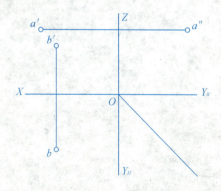

第 3 章 点的投影

3-12 已知点 A、B、C、D 的三面投影，试判别重影点的可见性。

3-13 已知点 A 的投影，若点 B 在点 A 的正左方 10，点 C 在点 A 的正前方 12，点 D 在点 A 的正上方 8，试完成各点的三面投影。

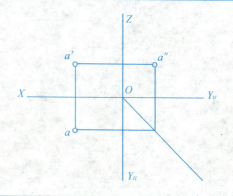

3-14 已知：点 E 与 W 面的距离为 15；点 F 距离点 E 为 10；点 G 与点 E 是对 V 面的重影点，在点 E 的正前方 12；点 H 在点 E 的正下方 15。试完成各点的三面投影。

3-15 已知：点 A 与 H 面、V 面等距，点 B 在 H 面上，与点 A 是对 H 面的一对重影点；点 C 在点 A 之左 30、之后 18、之下 12。试完成 A、B、C 三点的三面投影。

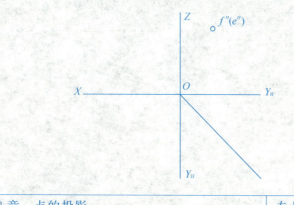

第 3 章 点的投影

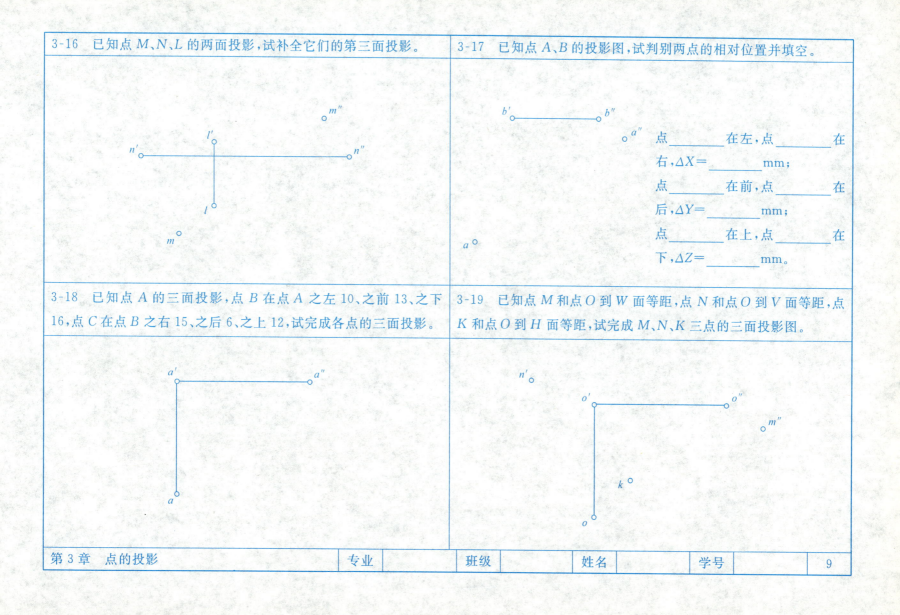

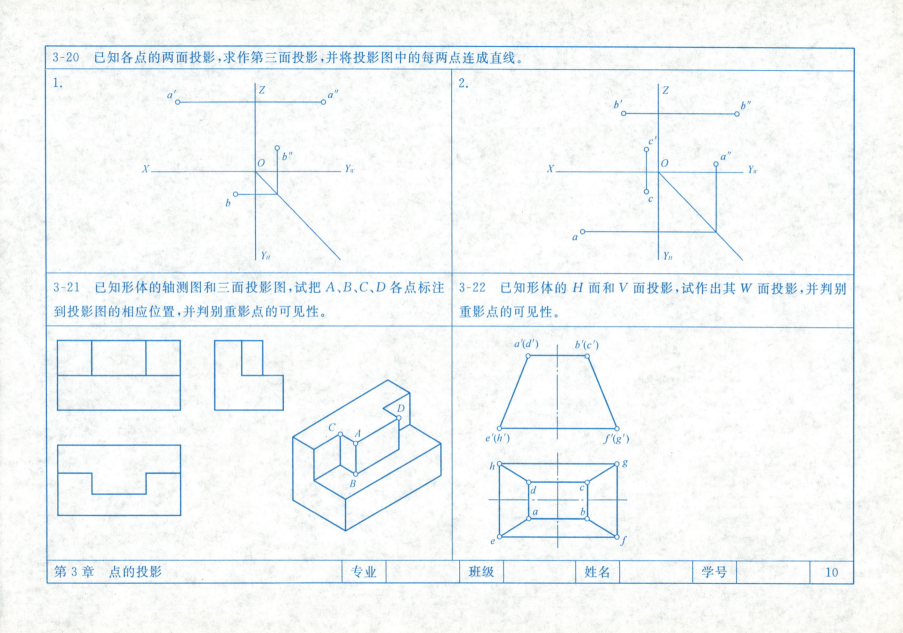

4-1 填空题,在题中的空白处填上正确的答案。

1. 根据直线与投影面的相对位置关系,直线可以分为三大类:一般位置直线、_____和_____。

2. 对一个投影面平行,而又对其他两个投影面倾斜的直线称为_____;对一个投影面垂直,同时必平行其他两个投影面的直线称为_____。

3. 对_____个投影面均倾斜的直线,称为一般位置直线。

4. 直线对投影面的倾角通常用_____、_____、_____表示。

5. 一般位置直线对投影面倾角的范围为_____。

6. 投影面平行线的倾角,一个为_____,另外两个为_____。

7. 投影面垂直线的倾角,一个为_____,另外两个为_____。

8. 直线在与其平行的投影面上的投影_____(填"反映"或"不反映")线段的实长,在其他投影面上的投影_____(填"反映"或"不反映")线段的实长。

9. 直线在与其垂直的投影面上的投影_____(填"反映"或"不反映")线段的实长,在其他面上的投影_____(填"反映"或"不反映")线段的实长。

10. 投影面垂直线在它所垂直的投影面上的投影积聚为_____。

11. 正平线的_____投影反映直线的实长,该投影与_____轴的夹角反映该直线对 H 面的倾角。

12. 侧平线的_____投影反映直线的实长,该投影与_____轴的夹角反映该直线对 H 面的倾角。

13. 正垂线的_____投影积聚成一点,_____投影反映实长。

14. 侧垂线的_____投影积聚成一点,_____投影反映实长。

15. 直线段 AB 的 V 面和 W 面投影均反映实长,该直线为_____。

16. 在水平投影面上的直线 AB 的正面投影 $a'b'$ 在_____。

17. 一般位置直线段的三个投影均比实长_____。

18. 直角三角形法的四要素是空间线段的实长、_____、_____和_____。

19. 已知直角三角形法四要素中的任意_____个,该直角三角形就能唯一地确定。

20. 水平投影面的直角三角形由线段水平投影长、直线段实长、_____、_____构成。

21. 正立投影面的直角三角形由线段正面投影长、直线段实长、_____、_____构成。

22. 侧立投影面的直角三角形由线段侧面投影长、直线段实长、_____、_____构成。

23. 在反映直线对 H 投影面倾角 α 实形的直角三角形中,两直角边分别由_____、_____构成。

24. 在反映直线对 V 投影面倾角 β 实形的直角三角形中,两直角边分别由_____、_____构成。

第 4 章 直线的投影

25. 在反映直线对 W 投影面倾角 γ 实形的直角三角形中,两直角边分别由＿＿＿＿＿、＿＿＿＿＿构成。

26. 空间两直线的相对位置关系有＿＿＿、＿＿＿、＿＿＿。

27. 空间两直线相互平行,则它们的各同面投影一定＿＿＿＿。

28. 如果空间两直线的各同面投影相互平行,则此两空间直线必定＿＿＿＿。

29. 通过两直线的两面投影判别其是否平行的方法有＿＿＿＿、＿＿＿＿、＿＿＿＿。

30. 空间两直线相交,它们的各组同面投影必定＿＿＿＿,且交出的是＿＿＿＿个点的投影。

31. 若两直线的各组同面投影分别相交,且交出的是同一点的投影,符合点的投影规律,则该两直线在空间必定＿＿＿＿。

32. 通过两直线的两面投影判别其是否相交的方法有＿＿＿＿、＿＿＿＿、＿＿＿＿。

33. 空间两直线交叉时,其同面投影可能＿＿＿＿,但交出的点＿＿＿＿符合点的正投影规律。

34. 空间两直线交叉时,其某个同面投影可能＿＿＿＿,但＿＿＿三个同面投影都同时出现＿＿＿。

35. 正交两直线,其中一直线平行于某一投影面时,其夹角在该投影面上的投影反映＿＿＿＿＿。

36. 空间两直线的某一投影成直角,若其中有一条直线平行于该投影面,则两直线在空间一定＿＿＿＿。

4-2 已知直线的两面投影,补画第三面投影,并判别直线的空间位置。

1.

AB 是＿＿＿＿线。

2.

CD 是＿＿＿＿线。

3.

EF 是＿＿＿＿线。

4.

GH 是＿＿＿＿线。

第 4 章 直线的投影

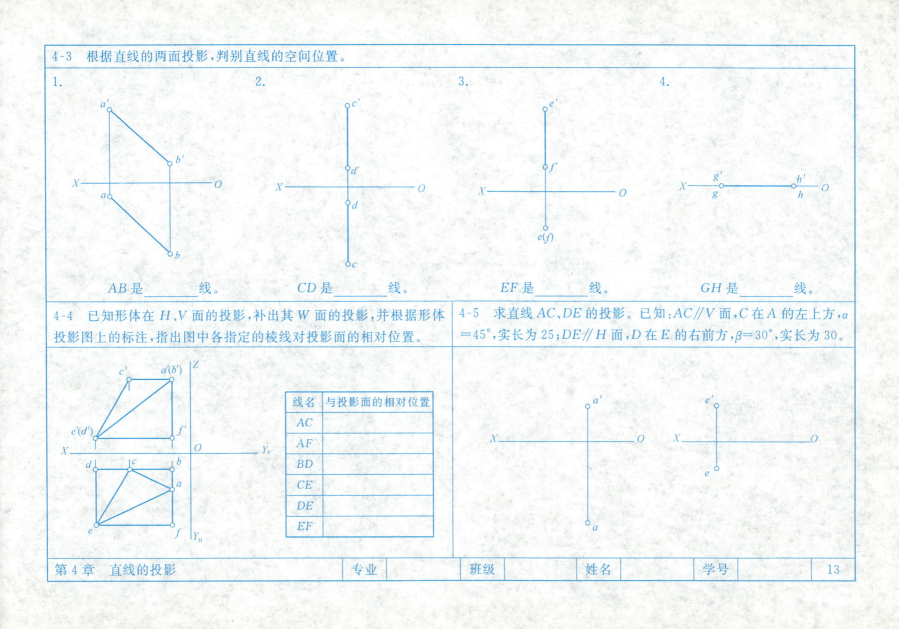

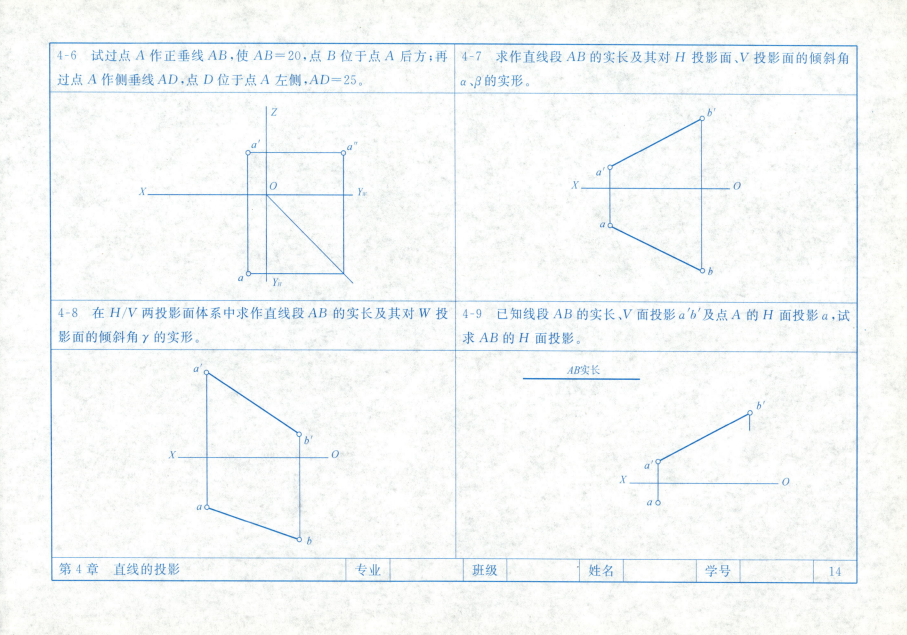

4-10 已知直线段 EF 对 V 面的倾角 $\beta=25°$，试用直角三角形法求直线段 EF 的 H 面投影，并回答有几个解。

4-12 已知线段 CD 的实长为 50，对 H 面、V 面的倾角分别为 $\alpha=45°$、$\beta=30°$，求作线段 CD 的两面投影，并回答有几个解。

本题有_____个解。

4-11 已知直线段 AB 的实长为 35，$\alpha=30°$，$\Delta Y_{AB}=15$，求作 AB 的两面投影，并回答有几个解。

本题有_____个解。

本题有_____个解。

第 4 章 直线的投影

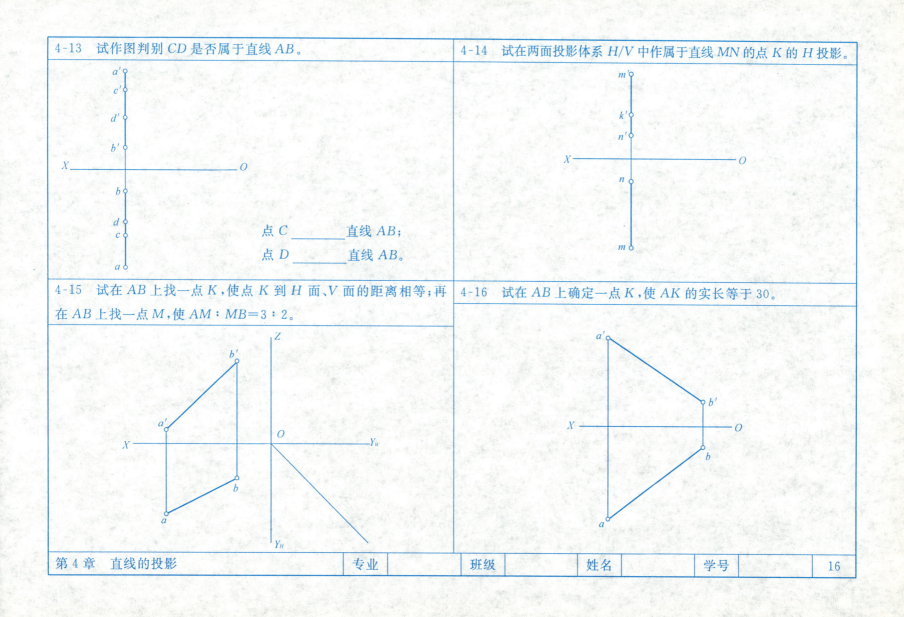

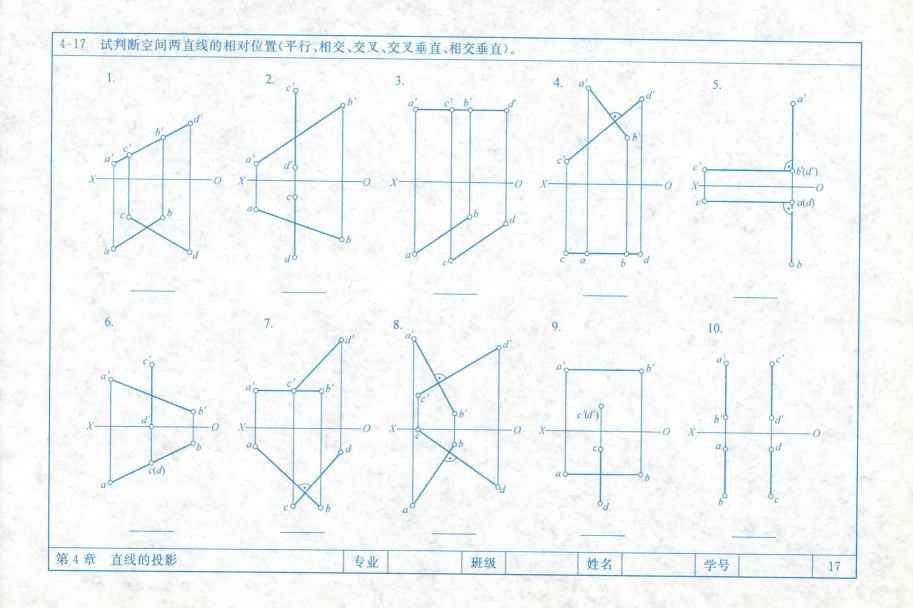

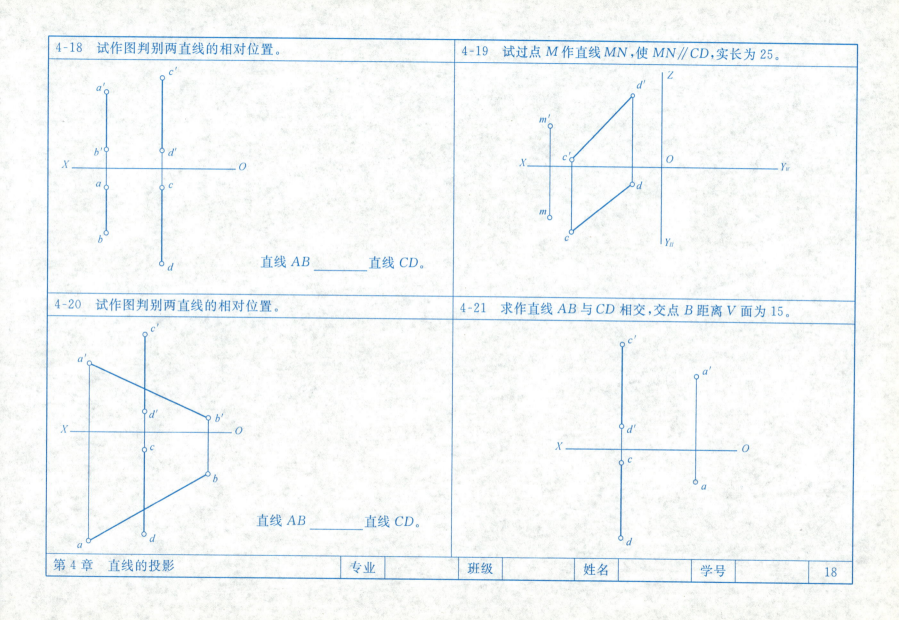

4-22 试判别两交叉直线在各投影图中重影点的可见性。

1.
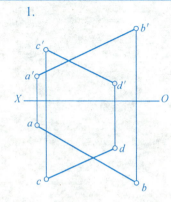

2.
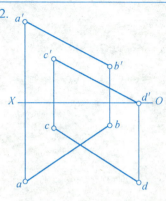

3.
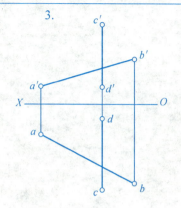

4.
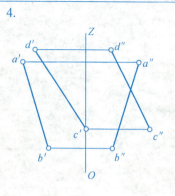

4-23 试作与 V 面相距为 20 的正平线 MN，并与两交叉直线 AB、CD 相交。

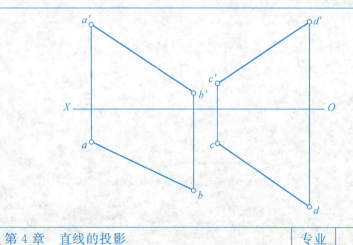

4-24 求作一直线 AB，使其平行于直线 CD，且与两交叉直线 EF、GH 均相交。

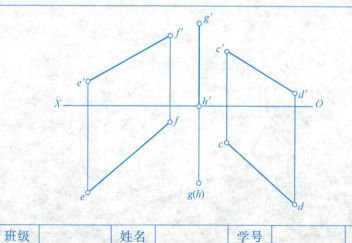

第 4 章　直线的投影

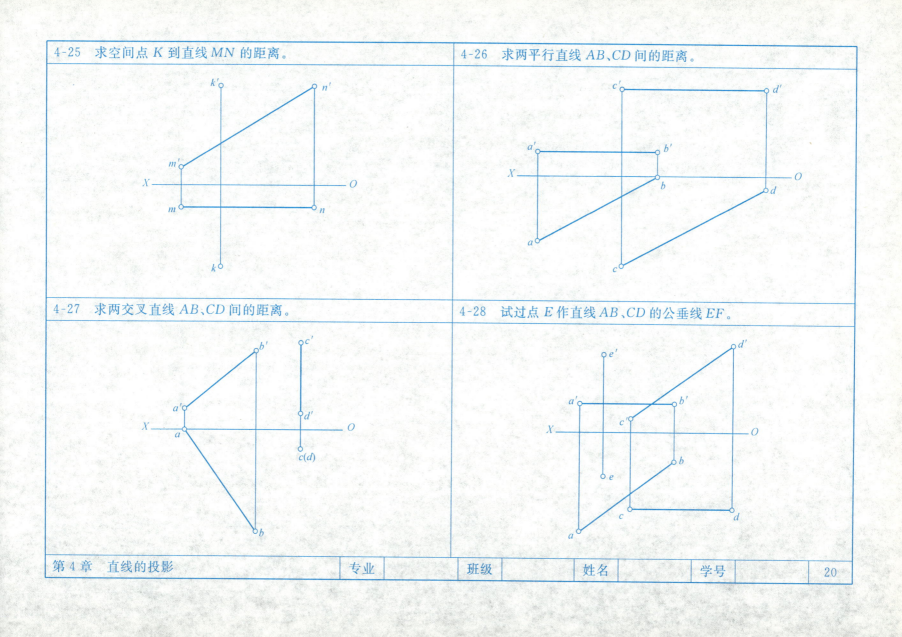

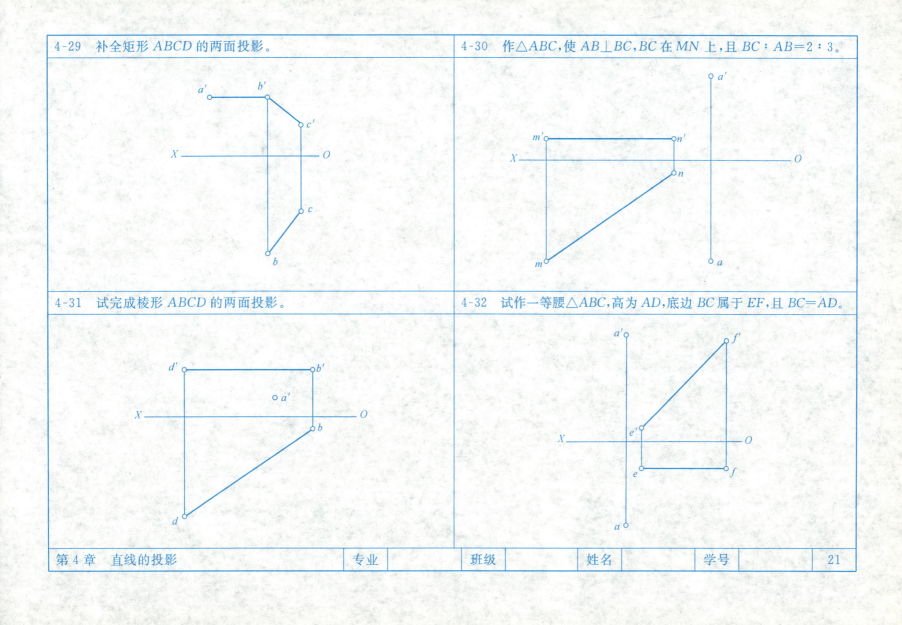

5-1 填空题,在题中的空白处填上正确的答案。

1. 平面的表示方法有两种,分别是_____、_____;用几何元素表示平面有五种不同的方式,分别是_____、_____、_____、_____、_____。

2. 平面的迹线是指_____的交线;平面 Q 与投影面 H、V、W 的交线分别称为平面 Q 的_____迹线、_____迹线和_____迹线,并以_____、_____、_____表示,其中 Q 为_____名称,下脚标 H、V、W 为_____的名称。

3. 空间平面和投影面的倾角是指_____。画法几何中,通常用希腊字母_____、_____、_____来表示空间平面与投影面 H、V、W 之间的倾角。

4. 空间平面对投影面的相对位置通常有三种,分别是_____、_____、_____。

5. 与三个投影面都倾斜的平面称为_____平面;垂直于某一个投影面且同时倾斜于另两个投影面的平面称为_____面,包括_____面、_____面和_____面;平行于某一个投影面且同时垂直于另两个投影面的平面称为_____面,包括_____面、_____面和_____面。

6. 对 H、V、W 三个投影面的倾角 α、β、γ 均为 $(0°,90°)$ 的平面称为_____平面。

7. 一般位置平面的三面投影与该平面的空间实形相比较,投影比实形_____。

8. 平面的三个投影均为平面图形,且该图形与空间实形相仿,则该平面为_____。

9. 垂直于 H 面、倾斜于 V 面和 W 面(即 $\alpha=90°$,β、γ 均为 $(0°,90°)$)的平面,称为_____面;$\beta=90°$,α、γ 均为 $(0°,90°)$ 的平面,称为_____面;$\gamma=90°$,α、β 均为 $(0°,90°)$ 的平面,称为_____面。

10. 投影面垂直面有_____个投影具有积聚性,积聚投影与投影轴的夹角范围为_____。

11. 某平面的积聚投影反映出该平面对 H 面和 V 面的倾角,则该平面为_____;某平面的积聚投影反映出该平面对 H 面和 W 面的倾角,则该平面为_____;某平面的积聚投影反映出该平面对 W 面和 V 面的倾角,则该平面为_____。

12. 若某平面有两个已知的投影与原平面图形的形状相仿,则该平面为_____平面或_____平面。

13. 平行于 H 面,同时垂直于 V 面和 W 面(即 $\alpha=0°$,$\beta=\gamma=90°$)的平面,称为_____面;$\beta=0°$,$\alpha=\gamma=90°$ 的平面,称为_____面;$\gamma=0°$,$\alpha=\beta=90°$ 的平面,称为_____面。

14. 投影面平行面有_____个投影为积聚投影,积聚投影与投影轴的夹角为_____。

15. 水平面的_____投影反映平面图形的实形，正平面的_____投影可反映该平面图形的实形。

16. 若平面的 W 投影反映其实形，则该平面为_____。

17. 若某平面有一倾斜的积聚投影，则该平面为_____面；若某平面有一平行于投影轴的积聚投影，则该平面为_____面；若某平面有一垂直于投影轴的积聚投影，则该平面为_____面。

18. 若某平面的积聚投影与 OX 轴的夹角为 30°，则 γ=_____。

19. 平面与三个投影面的倾斜角度分别为 α、β、γ，则必有 α＋β＋γ=_____。

20. 若某点属于平面的一条平行线，则该点_____（选择填"属于"或"不属于"）该平面；若某点属于平面上的一条线，则该点_____（选择填"属于"或"不属于"）该平面。

21. 如果直线通过_____一个点且平行于平面内的一条已知直线，则该直线必属于这个点和已知直线所确定的平面。

22. 特殊位置平面内的点和直线的投影必落在该平面的_____投影上；同理，如果点或直线的投影落在平面的_____投影上，则该点或直线必属于该特殊位置平面。

23. 某平面的积聚投影标注为 P^H、Q^V、R^W，其中 P、Q、R 表示_____，上标表示的含义是_____；平面 P 为_____平面，平面 Q 为_____平面，平面 R 为_____平面。

24. 平面内的投影面平行线是指_____；根据直线所平行的投影面的不同，平面内的投影面平行线可分为三种，即平面内的_____、平面内的_____和平面内的_____。

25. 平面上的水平线的正面投影_____于 OX 轴；平面上的正平线的水平投影_____于 OX 轴；平面上的侧平线的正面投影_____于 OX 轴。

26. 作平面上的水平线时应先作_____或_____投影，再作_____投影；同样，作平面上的正平线时应先作_____或_____投影，再作_____投影。

27. 平面内对某投影面的最大斜度线是指属于平面且和平面内的投影面_____线相垂直的直线；据投影面的不同，最大斜度线有_____种情形。

28. 平面对 H 面的最大斜度线与平面内的_____线垂直，该最大斜度线在工程上又称为_____线。

29. 平面内对 V 面的最大斜度线与平面内的正平线_____。

30. 平面对_____的最大斜度线与平面上的侧平线垂直。

31. 平面上的最大斜度线的几何意义是_____。

第 5 章　平面的投影

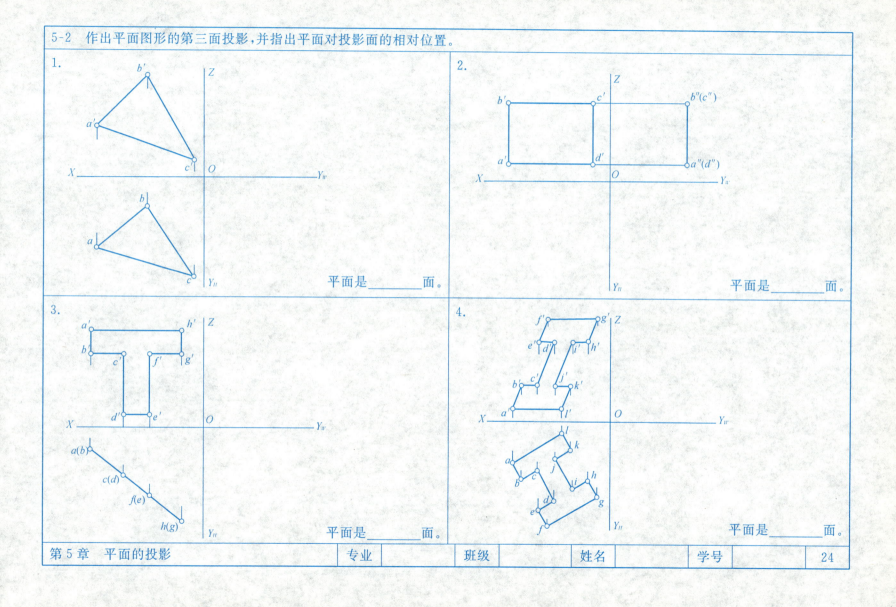

5-3 求作形体的第三面投影,在投影图上标注指定平面的投影,并在表格内填写指定平面与投影面的相对位置。

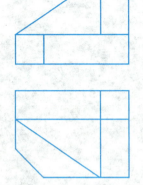

平面名称	与投影面的相对位置
K	
M	
N	
O	
P	
Q	
R	
S	

5-4 已知形体的 H、V 面投影,补出其 W 面投影,并根据形体投影图上的标注,指出图中各指定平面对投影面的相对位置。

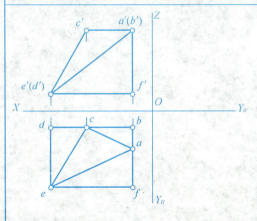

平面名称	与投影面的相对位置
△ABC	
△ABF	
△ACE	
△AEF	
△BCD	
△CDE	

5-5 已知正方形 ABCD 的一条边 AB 为正垂线且位于左上方,ABCD 为正垂面且与 H 面成 30°倾角,完成 ABCD 的两面投影。

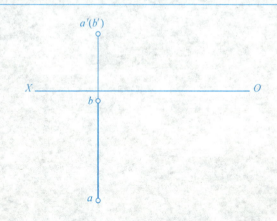

第 5 章 平面的投影

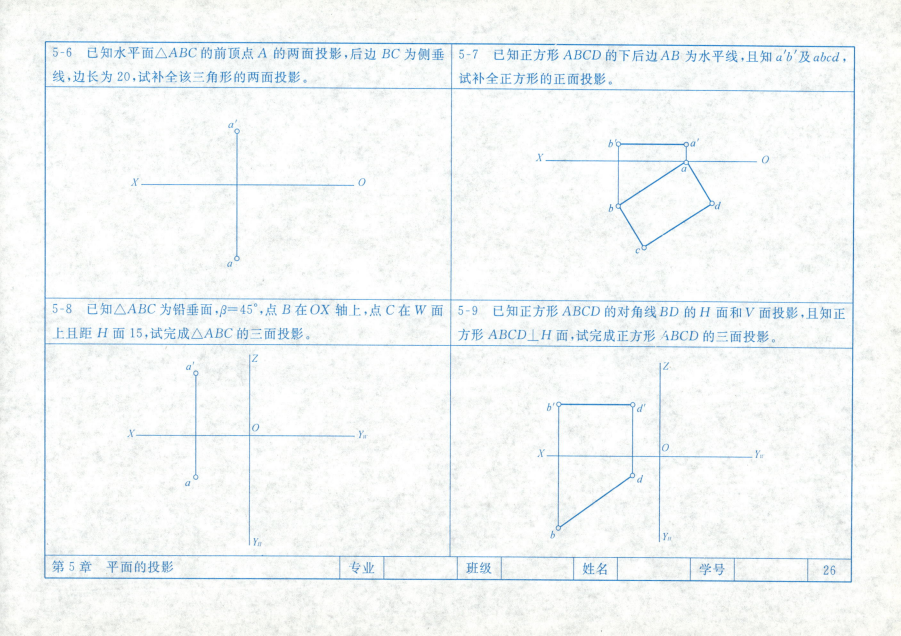

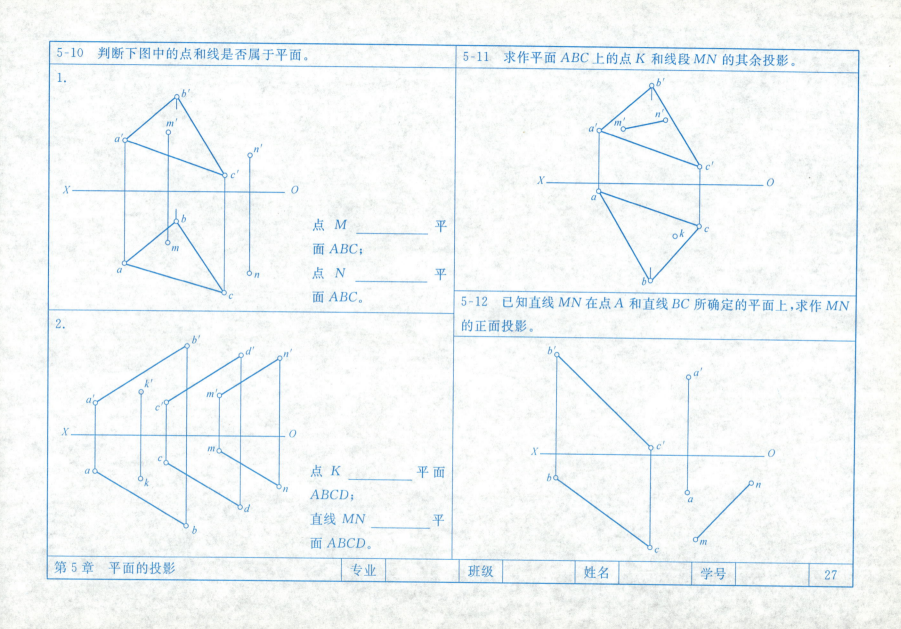

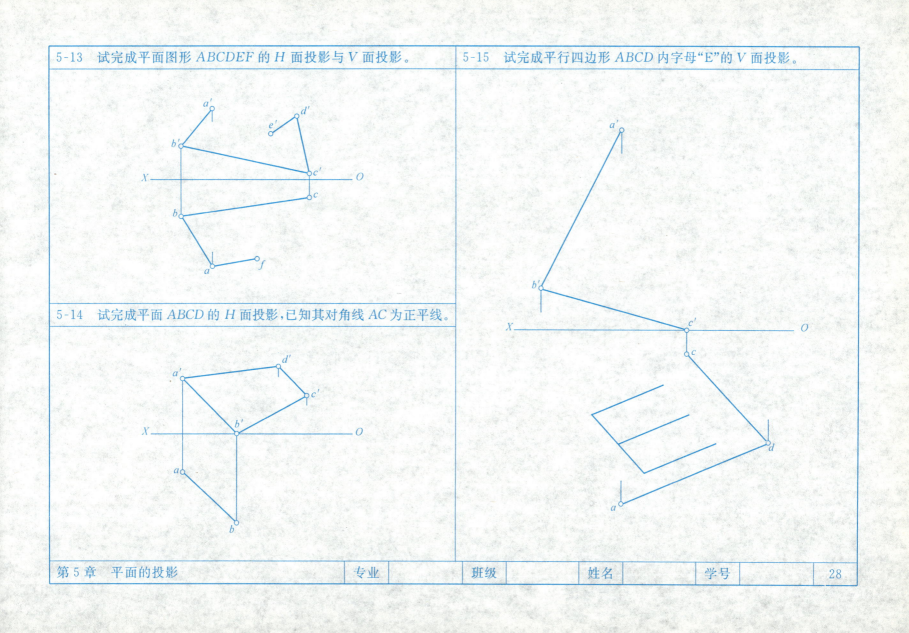

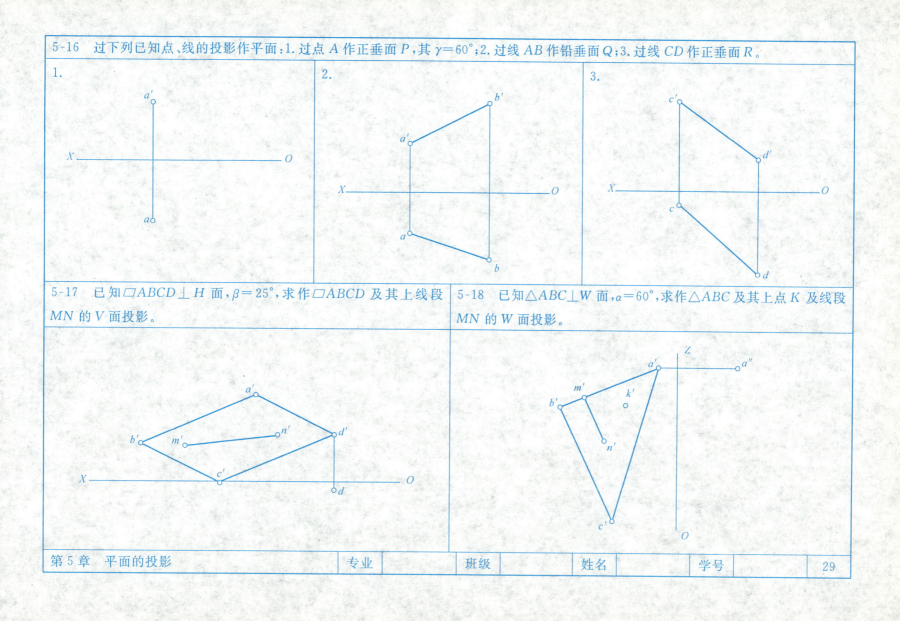

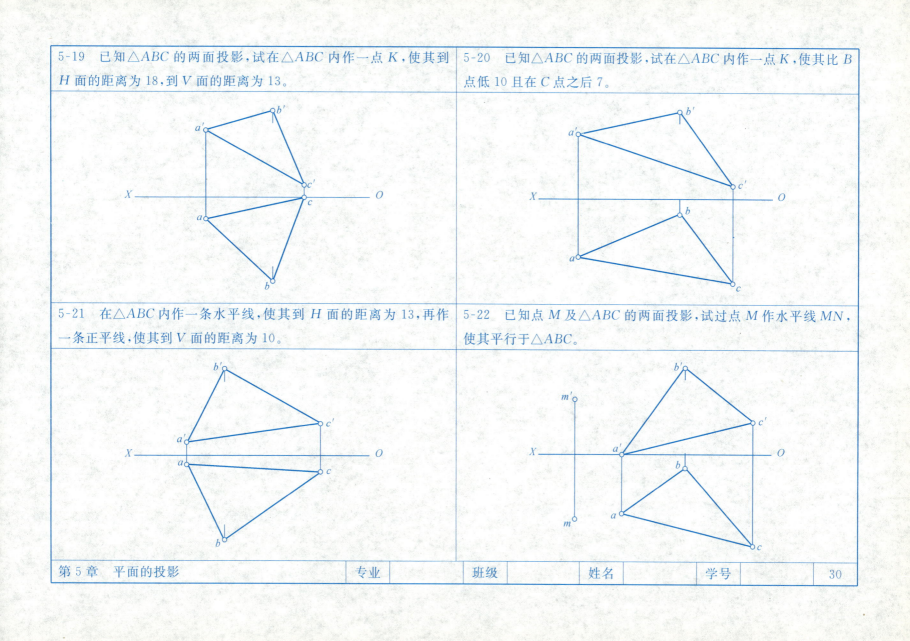

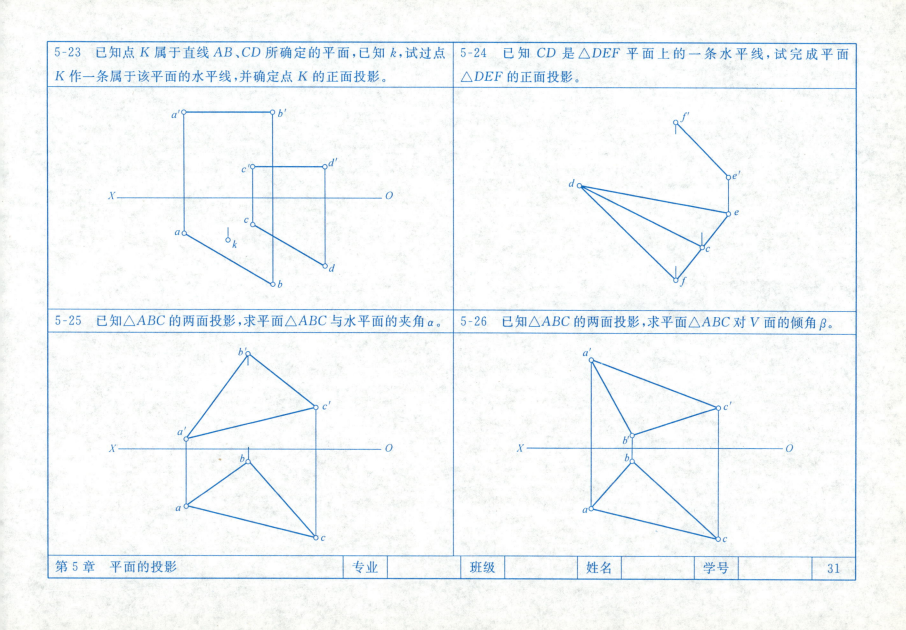

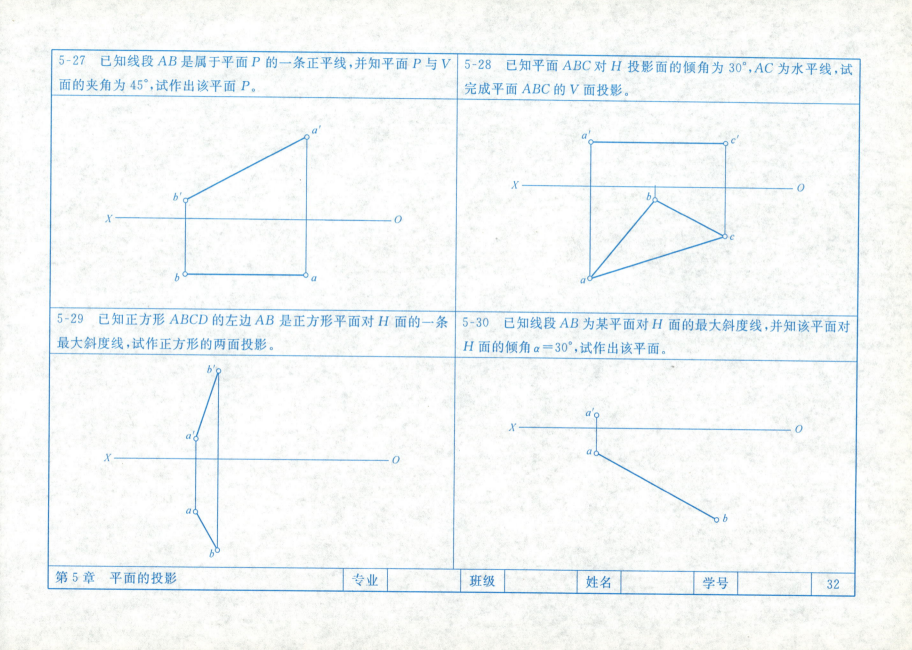

6-1 填空题,在题中的空白处填上正确的答案。

1. 空间直线和平面及两平面之间的相对位置一般有两种情况,即_____和_____。

2. 若一直线与已知平面上的某直线平行,则该直线与该平面_____。

3. 当直线和特殊位置平面平行时,在特殊位置平面有积聚投影的投影面上,直线的投影和平面的积聚投影_____。

4. 当两个特殊位置平面平行时,它们的_____投影在同面投影上也相互平行。

5. 两平面平行的几何条件是:_____。

6. 过空间一点且与一般位置平面平行的一般位置直线有_____,它们的集合是一个与已知平面_____的平面。

7. 过空间某点_____(选择填"存在"或"不存在")和一般位置平面平行的投影面垂直线。

8. 过空间某点_____(选择填"存在"或"不存在")和投影面平行面平行的一般位置直线。

9. 过空间一点且与某投影面垂直面平行的一般位置直线的集合是一个该投影面_____面。

10. 已知 $ab/\!/cd, a'b'/\!/c'd'$,AB 属于平面 P,则平面 P ____ CD。

11. 若 $ab/\!/P^H$,则 AB _____ 平面 P。

12. 若 $ab/\!/cd, a'b'/\!/c'd', ef/\!/gh, e'f'/\!/g'h', AB\cap EF=M, CD\cap GH=N, AB\in$ 平面 $P, EF\in$ 平面 $P, CD\in$ 平面 $Q, GH\in$ 平面 Q,则平面 P _____ 平面 Q。

13. 根据直线与平面或平面与平面的夹角是否为 90°,直线和平面及两平面相交的情形又可分为_____和_____两种。

14. 直线和平面相交,_____是它们的共有点;平面和平面相交,_____是它们的共有线。

15. 在投影图上,_____是直线可见和不可见部分的分界点,_____是平面可见和不可见部分的分界线。

16. 一般位置直线和特殊位置平面相交时,可以利用特殊位置平面的_____求出它们的交点。

17. 投影面垂直线与一般位置平面相交,其交点在_____上。

18. 一般位置平面和投影面垂直面相交,其交线为_____;一般位置平面和投影面平行面相交,其交线为_____。

19. 求作一般位置直线与一般位置平面相交的交点时,可以采用_____方法来求解。

20. 若两个平面相交,且这两个平面同时垂直于一投影面,则两平面相交的交线必为这个投影面的_____线。

21. 两平面相交,若相交两个平面分别垂直于不同投影面,则交线必为_____线;若相交两个平面分别是同一投影面的垂直面和平行面,则交线是该投影面的_____线;若相交两个平面分别是不同投影面的垂直面和平行面,则交线是投影面_____线;若相交两个平面分别是不同投影面的平行面,则交线是第三投影面的_____线。

22. 在求解两个一般位置平面的交线时,所用"线面交点法"的几何原理是_____。

23. "线面交点法"所作的辅助平面通常为_____面,而"三面共点法"所作的辅助平面通常为_____面。

24. "线面交点法"的适用范围是_____;"三面共点法"的适用范围是_____。

25. 两一般位置平面相交求交线,若两平面分离,采用的求解方法是_____。

26. 直线和平面垂直的几何条件可以表述为:_____。

27. 当空间直线垂直于某平面时,该直线_____于平面内的所有直线。

28. 若一直线垂直于一平面内的_____,则直线与该平面垂直。

29. 当直线和一般位置平面垂直时,该直线是_____线。

30. 如果直线和某投影面垂直面垂直,该直线是该投影面的_____线;若直线与侧垂面垂直,则该直线为_____。

31. 两平面垂直的几何条件是:_____。

32. 若两平面相互垂直,则由属于第一个平面的任意点向第二个平面所作的垂直线_____。

33. 若一个平面_____,则两平面必垂直。

34. 若一般位置平面和投影面垂直面垂直时,交线为_____线;当相互垂直的两个平面均为同一投影面的垂直面时,交线为该投影面的_____线,它们的积聚投影所成的夹角为_____;当相互垂直的两个平面分别为同一投影面的垂直面和平行面时,交线为该投影面的_____线;当相互垂直的两个平面分别为不同投影面的平行面时,交线为第三投影面的_____线。

35. 一般位置平面与铅垂面相互垂直,交线为_____;侧垂面与侧垂面相互垂直,交线为_____;正垂面与正平面相互垂直,交线为_____;水平面与正平面相互垂直,交线为_____;正平面与铅垂面相互垂直,交线为_____;水平面与侧垂面相互垂直,交线为_____;侧垂面与正垂面相互垂直,交线为_____。

36. 过空间一点的某投影面垂直线只有一条,它与另外两个投影面的任何平行面都_____。

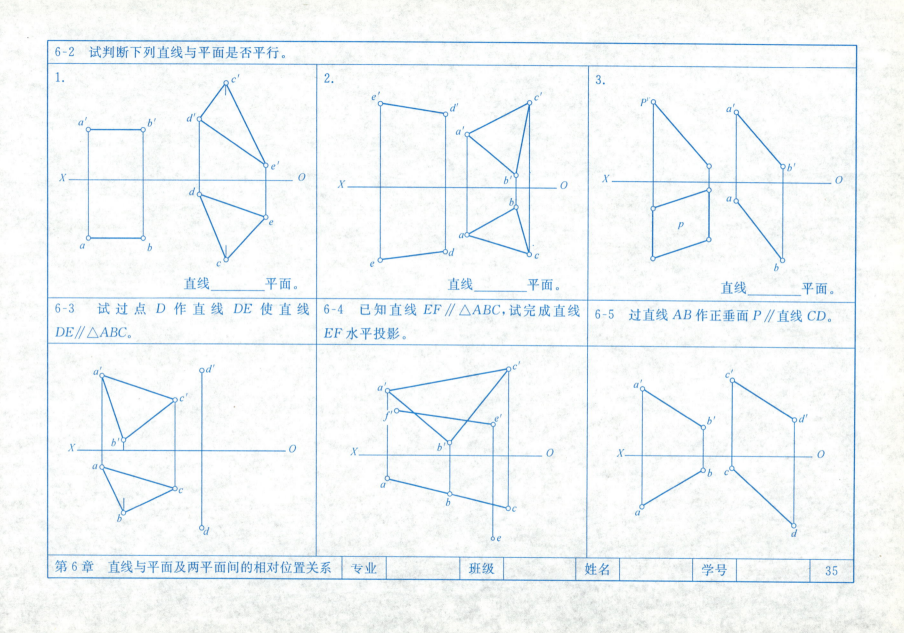

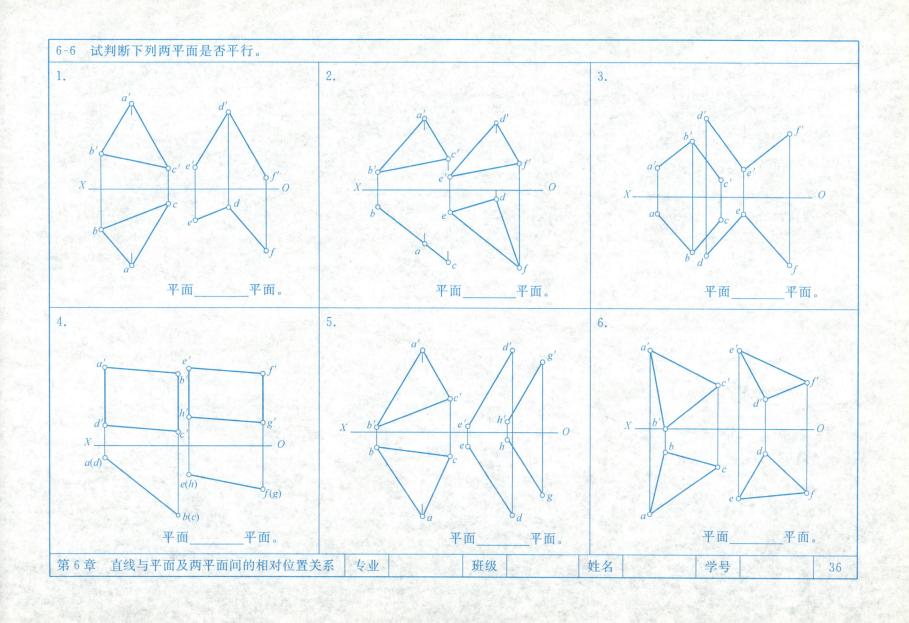

6-7 已知直线 EF∥AB∥CD，试包含直线 EF 作平面平行于已知平面 ABCD，要求用直线 EF 的平行线表示所作平面。

6-8 已知△ABC 和▱DEFG 互相平行，试完成▱DEFG 的水平投影。

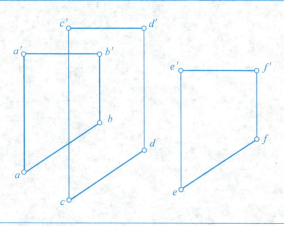
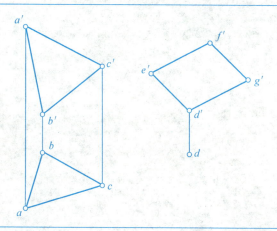

6-9 求一般位置直线与投影面垂直面的交点，并判别其可见性。

1.

2.

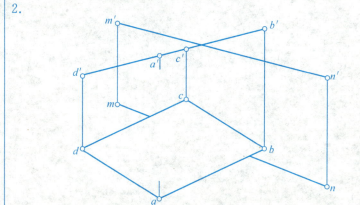

第 6 章　直线与平面及两平面间的相对位置关系

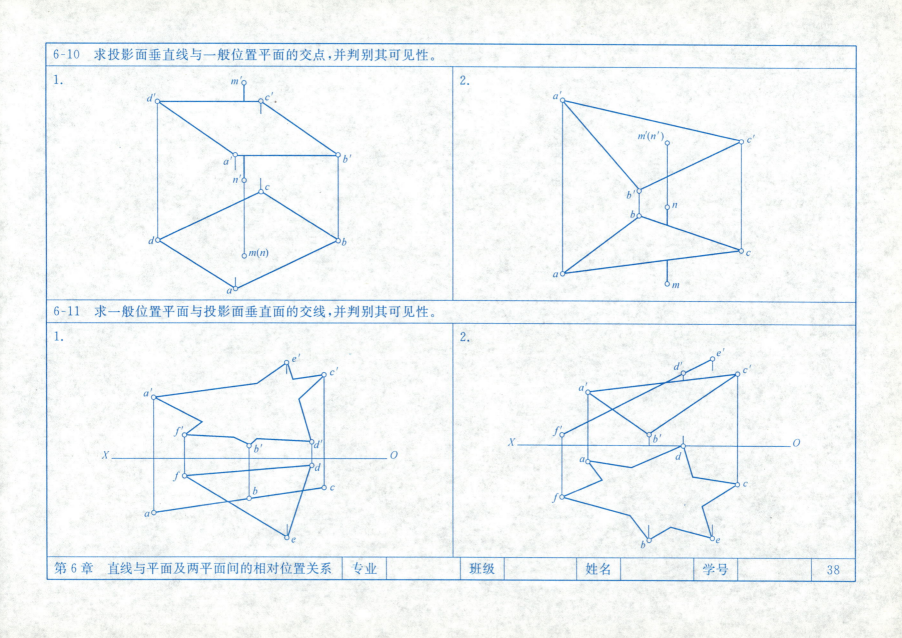

6-12 求一般位置直线与一般位置平面的交点，并判别其可见性。

1.

2.

6-13 过点 A 作直线 AF 使其同时与两交叉直线 BC、DE 相交。

6-14 求两投影面垂直面的交线，并判别其可见性。

第 6 章　直线与平面及两平面间的相对位置关系　专业　　班级　　姓名　　学号　　39

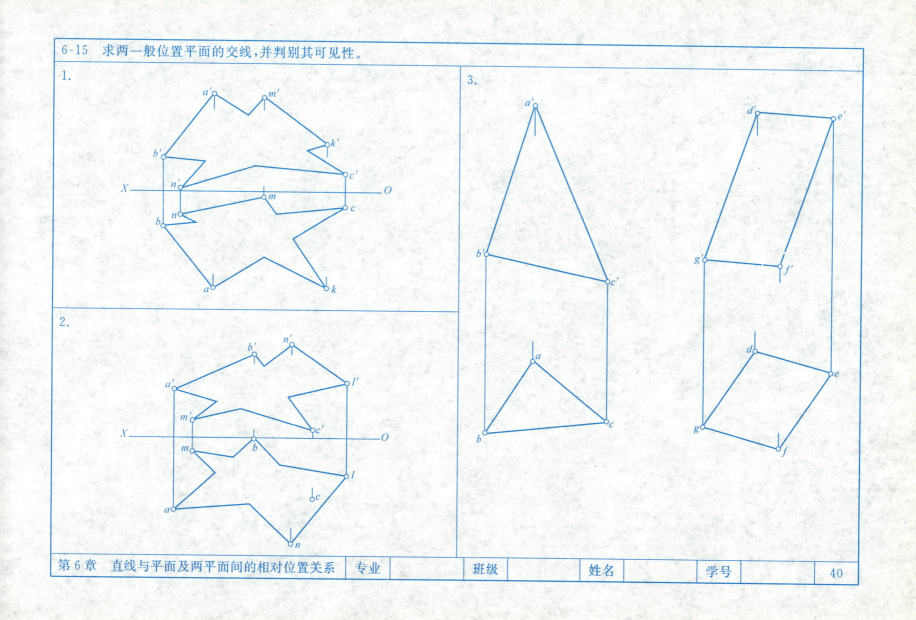

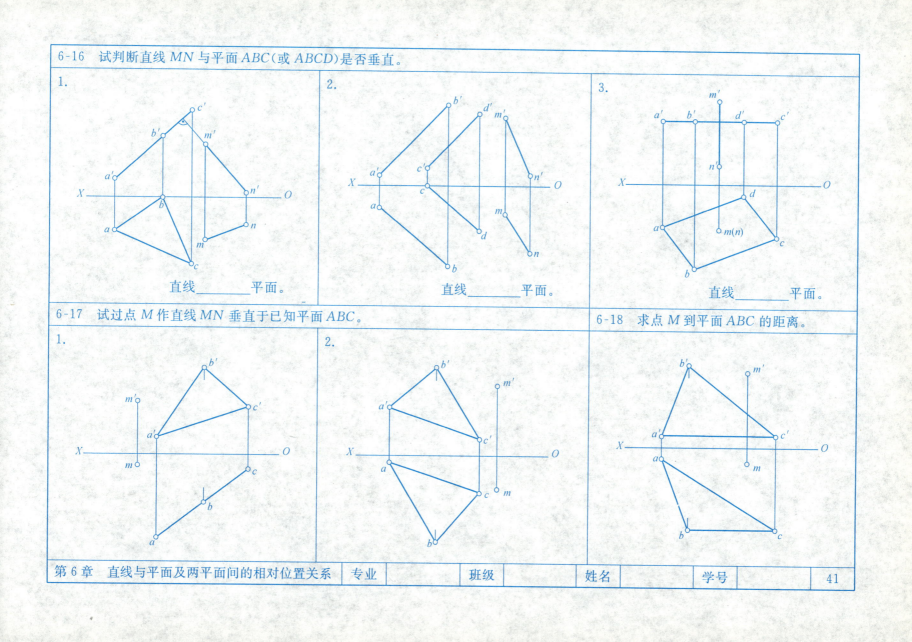

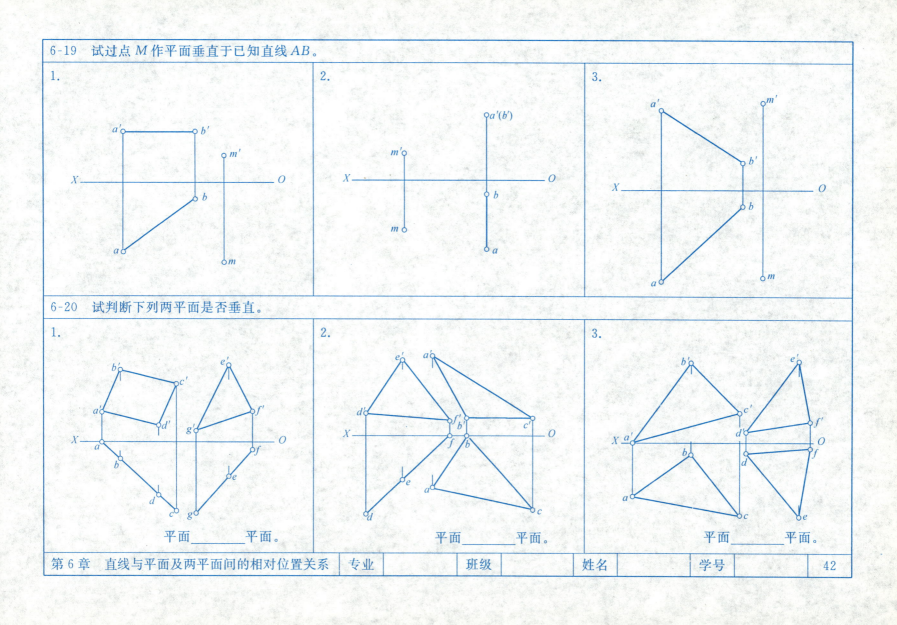

6-21 过直线 DE 作平面垂直于已知平面△ABC。

1.

2.

6-22 过点 K 作一平面平行于直线 DE，且垂直于△ABC。

1.

2.

第 6 章　直线与平面及两平面间的相对位置关系

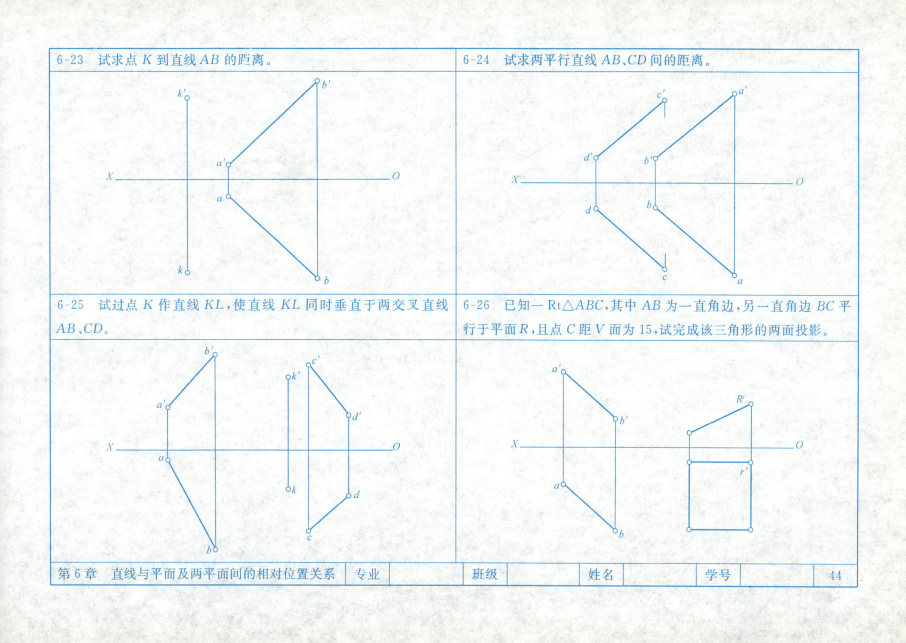

7-1 填空题,在题中的空白处填上正确的答案。

1. 画法几何中,将几何元素由一般位置变成特殊位置的方法主要有_____和_____。

2. 换面法是指_____。

3. 用换面法时,新投影面的选择必须符合下面两个基本条件:_____;
_____。

4. 旋转法是指_____。

5. 点的投影变换规律是指_____。

6. 点的一次换面时,点的新投影面与不变投影的连线_____于新投影轴。

7. 点的二次换面时,若第一次换去 H 投影面,则形成新的投影体系_____,且第二次换面时应换去投影面_____。

8. 将一般位置直线变换为新投影面的平行线,需进行_____次换面;将一般位置直线变换为新投影面的垂直线,需进行_____次换面;将投影面平行线变换为新投影面的垂直线,需进行_____次换面。

9. 将一般位置平面变换为投影面垂直面,需进行_____次换面;将投影面垂直面变换为投影面平行面,需进行_____次换面;将一般位置平面变换为投影面平行面,需进行_____次换面。

10. 当点绕垂直于某一投影面的轴旋转时,点的轨迹在该投影面上的投影是以轴的投影为圆心、以旋转半径为半径的圆;而点的轨迹在另一投影面上的投影,则是_____。

11. 当直线绕铅垂轴旋转时,旋转前和旋转后其水平投影长度_____,正面投影长度_____;当直线绕正垂轴旋转时,旋转前和旋转后其水平投影长度_____,正面投影长度_____。

12. 将一般位置直线旋转成投影面平行线需进行_____次旋转,将投影面平行线旋转成投影面垂直线需进行_____次旋转,将一般位置直线旋转成投影面垂直线需进行_____次旋转。

13. 当直线或平面绕某一投影面的垂直线旋转时,它们对该投影面的夹角_____,它们在该投影面上的投影的形状和大小_____。

14. 将一般位置平面旋转成投影面垂直面需进行_____次旋转,将投影面垂直面旋转成投影面平行面需进行_____次旋转,将一般位置平面旋转成投影面平行面需进行_____次旋转。

15. "三同"法则是指_____。

16. 旋转变换根据旋转轴与投影面相对位置的不同,可分为_____种,分别是_____。

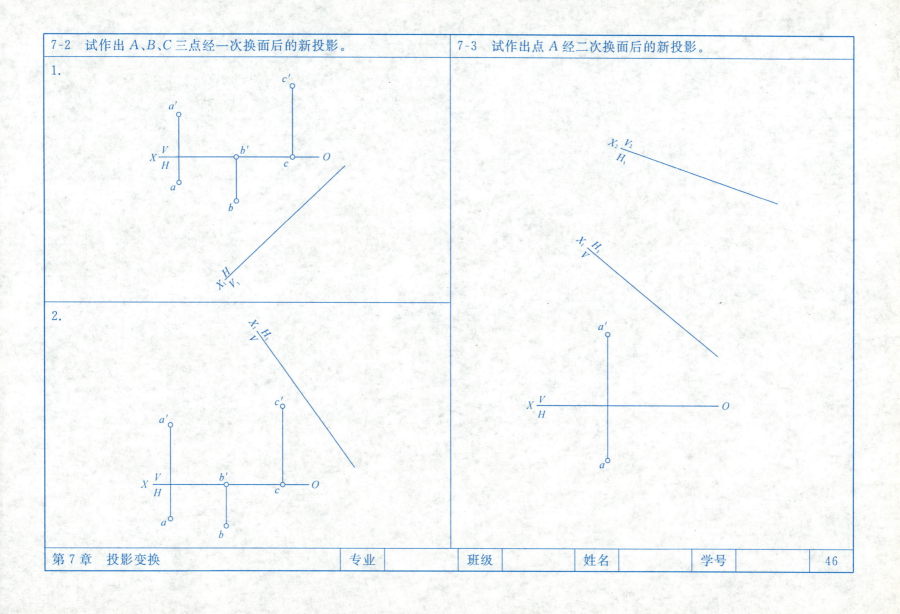

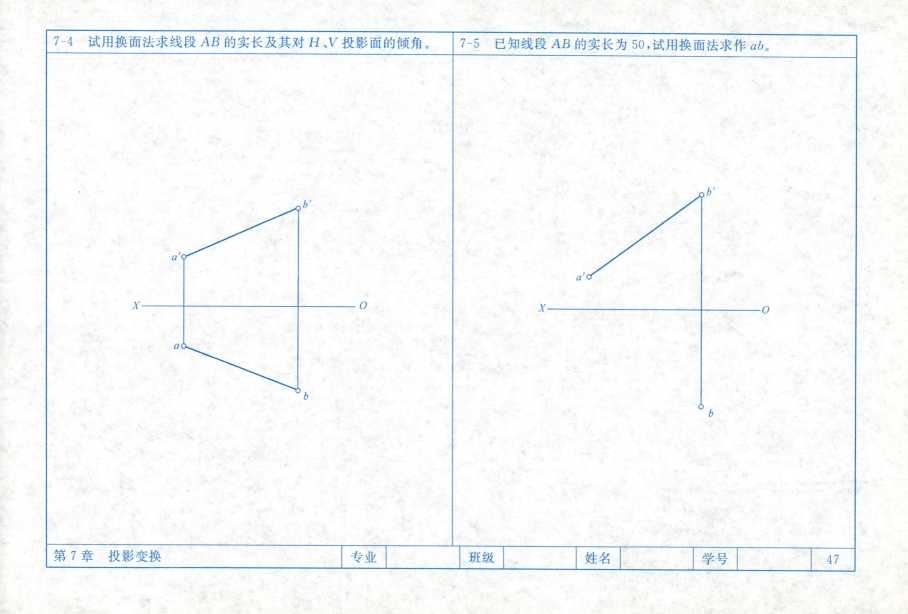

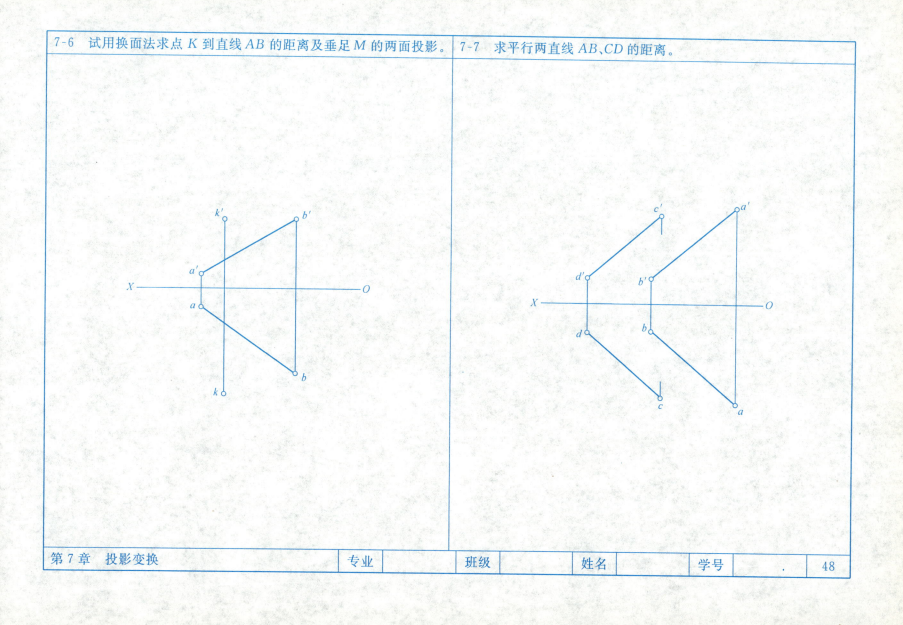

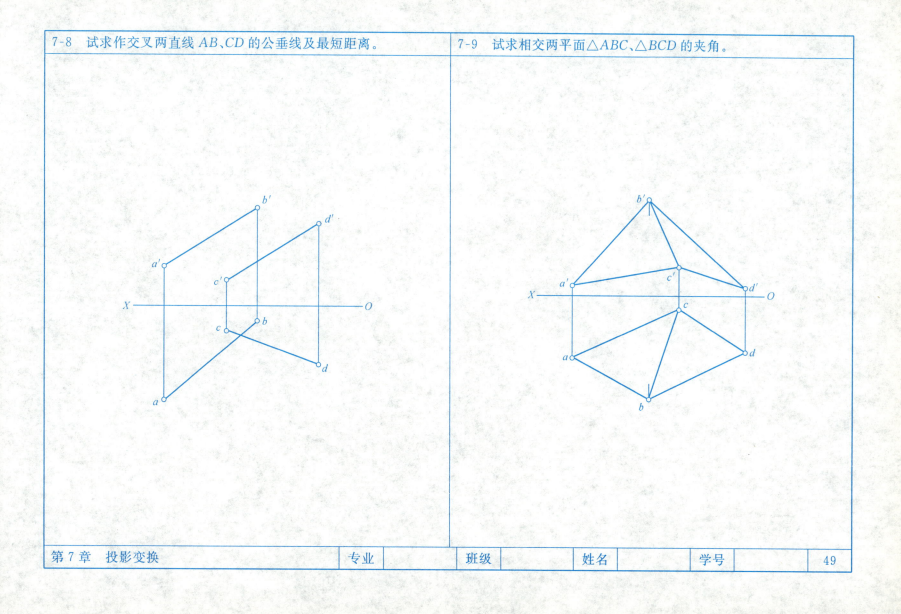

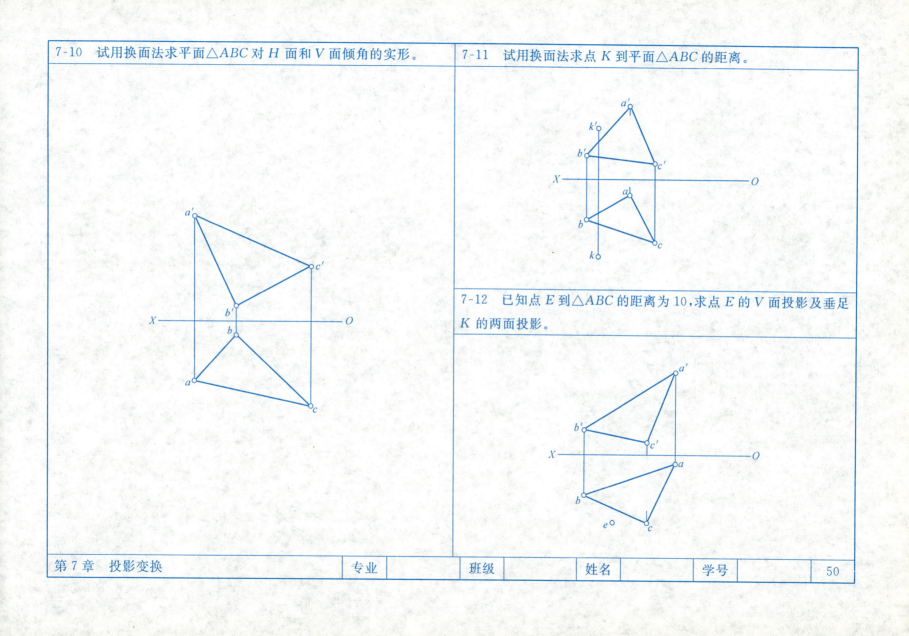

7-13 试用换面法求△ABC与直线DE的交点,并判别其可见性。

7-15 已知点E在△ABC上,距离A、B两点均为16,求e及e'。

7-14 已知∠ABC=45°,求作点B的正面投影。

第7章 投影变换

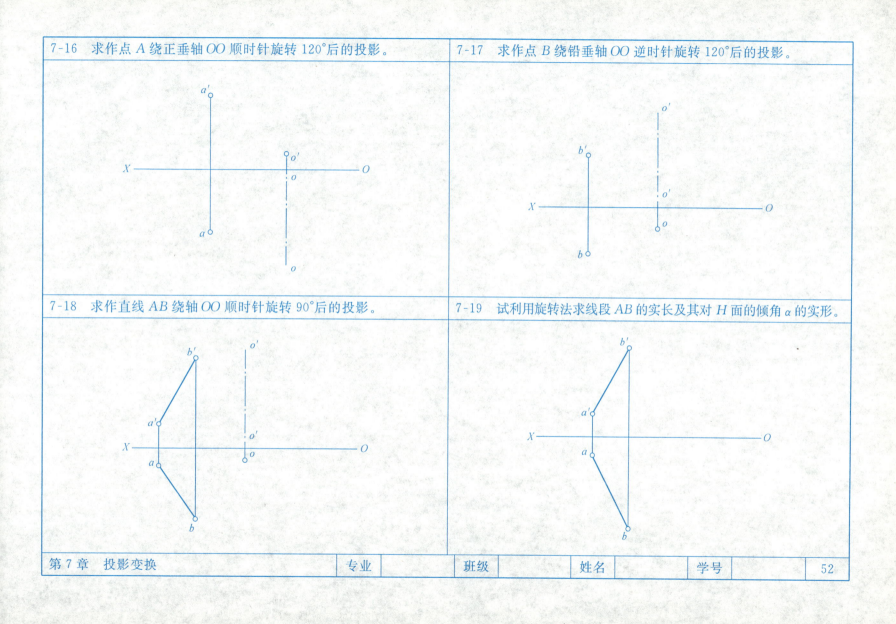

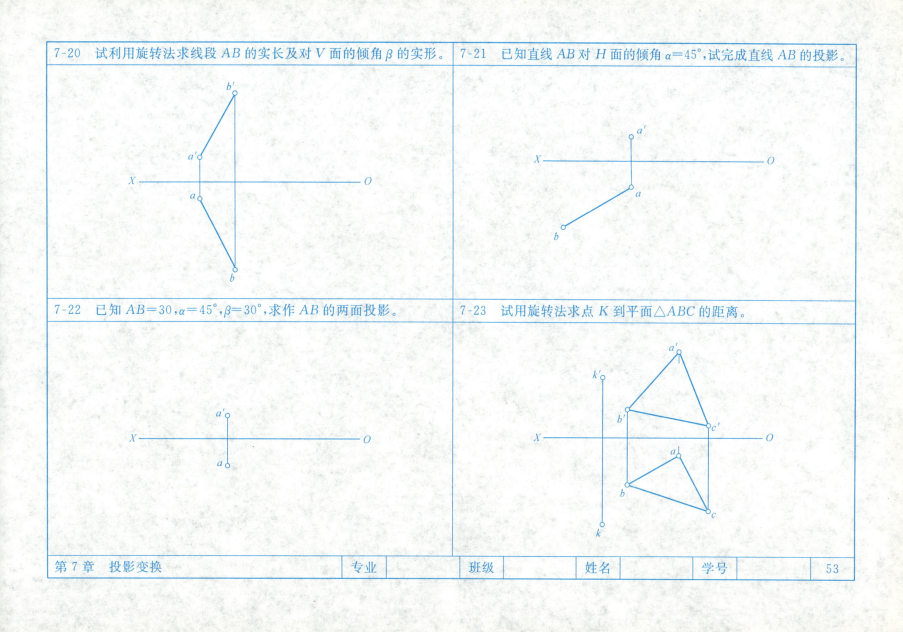

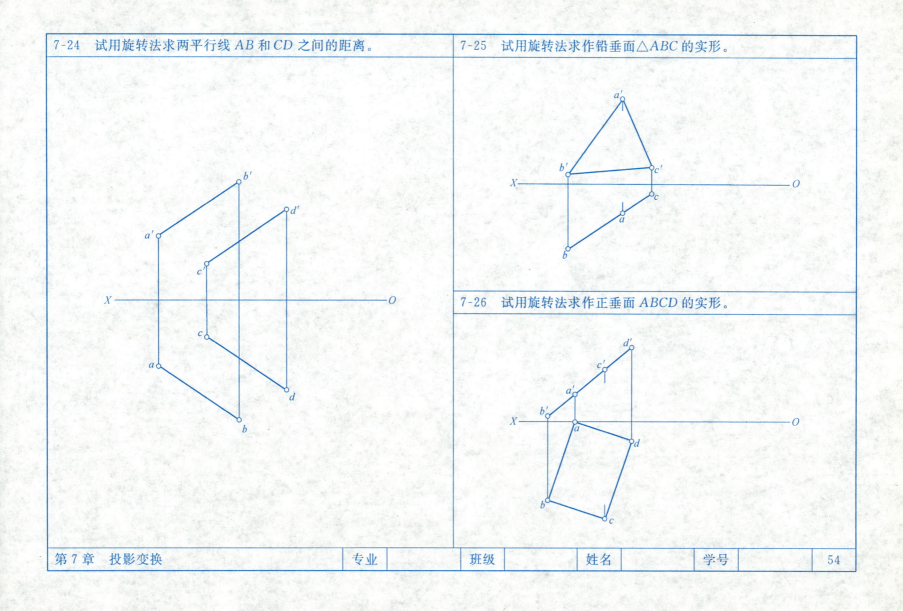

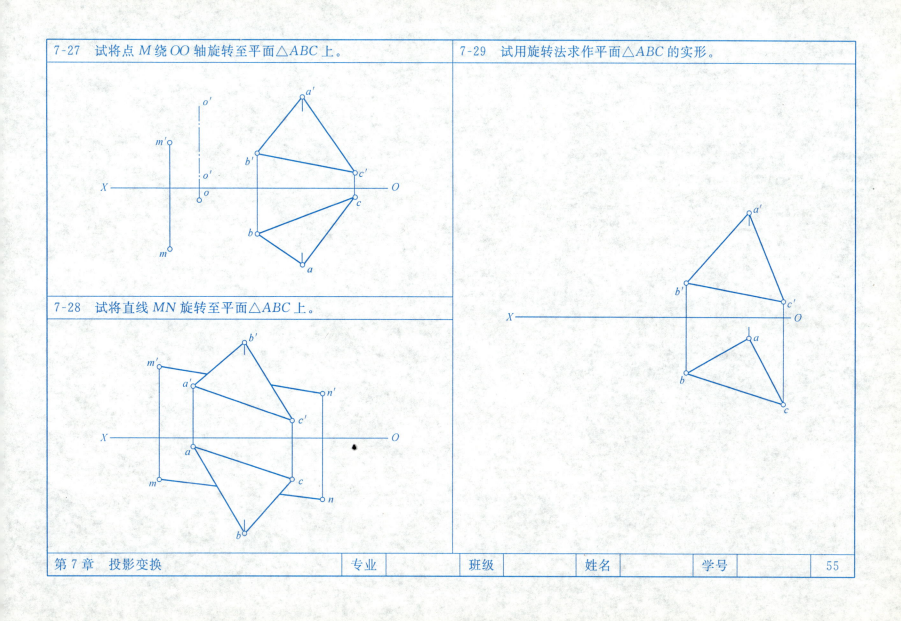

8-1 填空题，在题中的空白处填上正确的答案。

1. 基本形体根据表面的构成可分为_____和_____。
2. 棱柱体相对于棱锥体最明显的特征是_____。
3. 在绘制投影图时，确定平面立体的摆放位置应考虑的因素有_____、_____及_____。
4. 判断平面立体表面上的点和线是否可见的原则是：如果点和线所在的_____可见，那么点、线的同面投影一定可见，否则不可见。
5. 平面立体表面上点和线的投影的求解方法有_____、_____及_____。
6. 在棱柱表面上定点时，常用的辅助线为_____及_____。
7. 在棱锥表面上定点时，常用的辅助线为_____、_____及_____。
8. 平面立体表面上连点成线的原则是：只有位于_____的点才能相连，不位于_____的点不能相连。
9. 平面与立体相交时，截割立体的平面称为_____，截平面与立体表面的交线称为_____，截交线所围成的图形称为_____。
10. 平面立体的截交线是截平面与平面立体表面的_____，截交线上的点是截平面与立体表面的_____。

11. 平面与立体截交线的空间形状为_____。
12. 由于平面立体的表面都具有一定的范围，所以截交线通常是_____的平面或空间多边形。
13. 平面立体截交线多边形的各顶点是立体的_____与截平面的交点，多边形的各边是平面立体的棱面与截平面的_____，或者是截平面与截平面的_____。
14. 平面立体截交线的求解方法主要有_____和_____。
15. 平面与平面立体相交，求出交点后，连点的原则是_____，判别可见性的原则是_____。
16. 棱柱体被一个平面所截，截交线是_____多边形；棱锥体被多个平面所截，截交线是_____多边形。
17. 棱锥体被多个平面所截，求作截交线时，除了应求出截平面与棱线的交点外，还应_____。
18. 两相交的形体称为_____，它们表面的交线称为_____。
19. 相贯线是两形体表面的_____，相贯线上的点即为两形体表面的_____。
20. 由于空间的立体表面均具有一定的范围，所以相贯线一般是_____的空间折线或空间曲线。
21. 相贯线的基本性质有_____和_____。

第 8 章　平面立体

22. 立体相贯有三种情况,分别是_____、_____和_____。

23. 根据参与相贯的两立体的相对位置的不同,立体相贯又分为两种:当一个立体_____贯穿另一个立体时,这样的相贯称为全贯;当两个立体_____贯穿时,这样的相贯称为互贯。

24. 当两个相贯的立体为全贯时,有_____组相贯线,为互贯时有_____组相贯线。

25. 甲形体的棱线与乙形体表面的交点称为_____。

26. 相贯线与截交线一样,具有_____和_____的性质。

27. 两平面立体相贯,相贯线由_____组成,相贯线的每一段都是甲形体的一个_____与乙形体的一个_____的交线,相贯线的转折点是甲形体的_____与乙形体的_____的交点。

28. 求解相贯线的基本方法有_____和_____。

29. 平面立体相贯线可见性判别的原则是:当相交的_____棱面的同面投影可见时,相贯线在该投影面上的投影才可见。

30. 若相贯线所属的甲形体棱面的某投影可见,但其所属的乙形体棱面的同面投影不可见,则该段相贯线的投影_____。

31. 求解平面立体相贯线时,应首先_____,确定相贯线折线的条数、每条折线的边数或顶点数目。

32. 在求出平面立体与平面立体相贯线的顶点之后,其连点的原则是_____。

8-2 根据形体的轴测图绘制其三面投影图,尺寸大小从图上直接量取,图中箭头所示方向是V面投影的投射方向。

1.

2.

第8章 平面立体

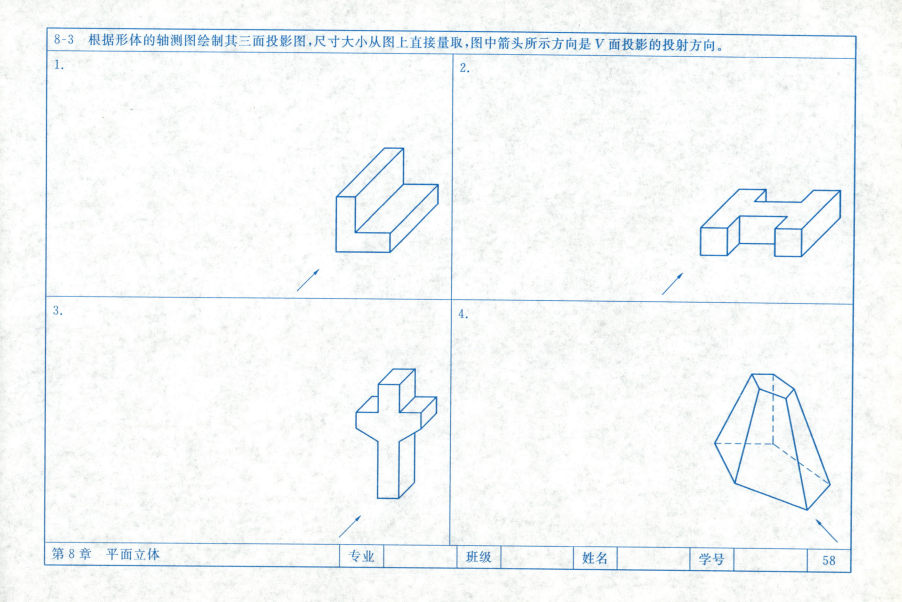

8-4 根据形体的两面投影图,补绘第三面投影。

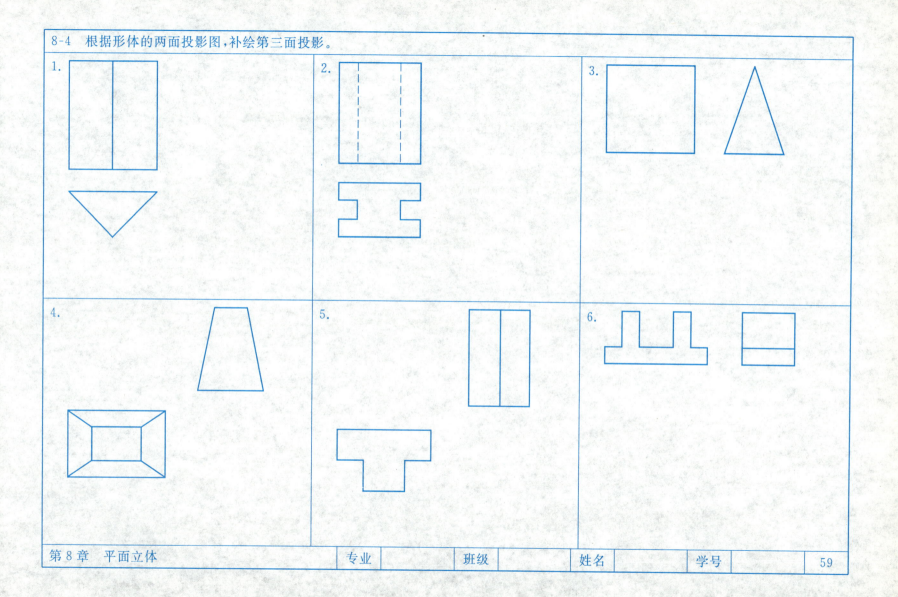

第 8 章 平面立体

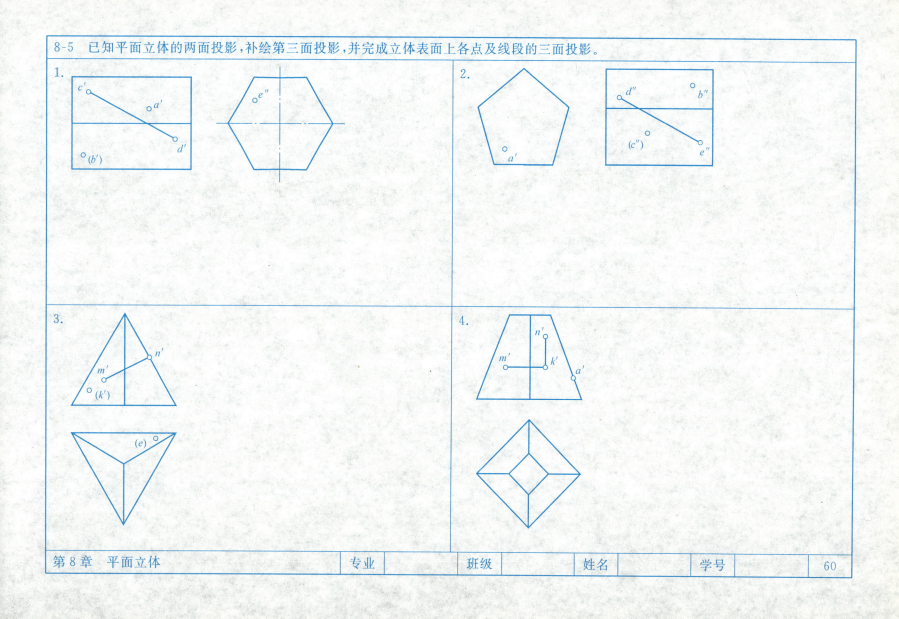

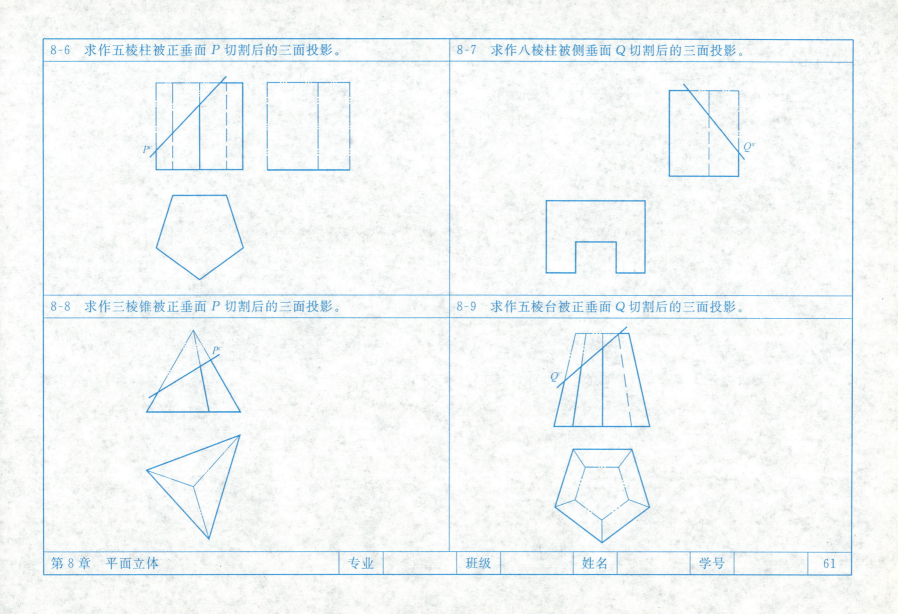

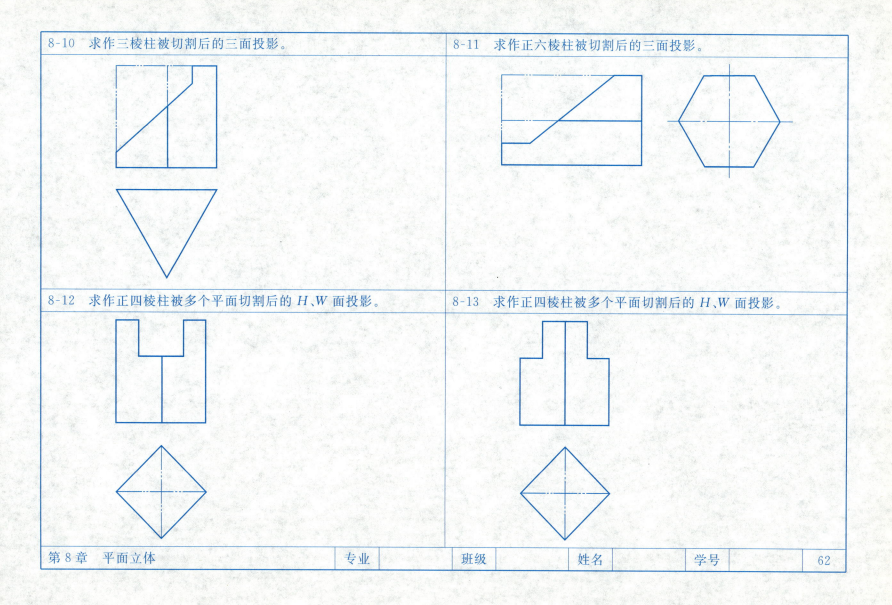

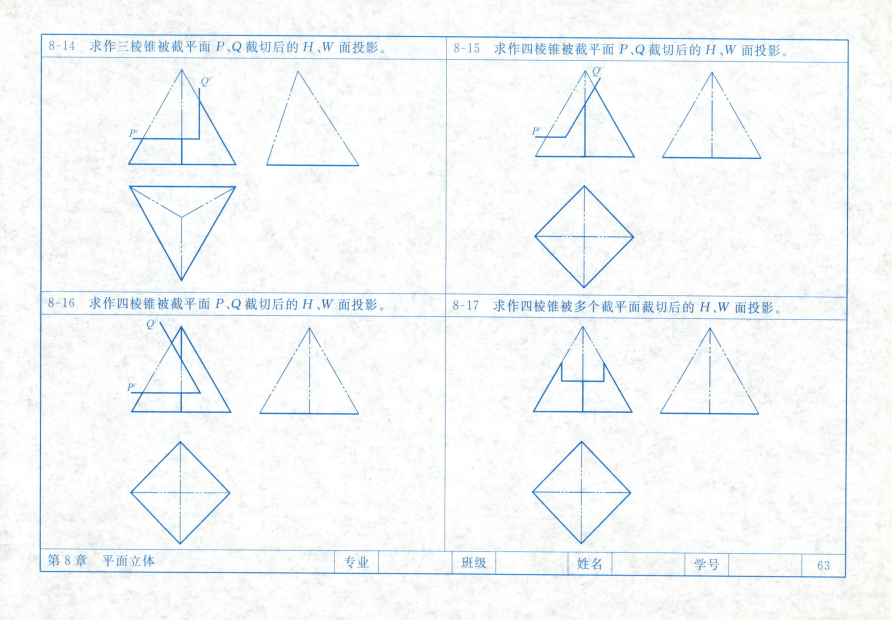

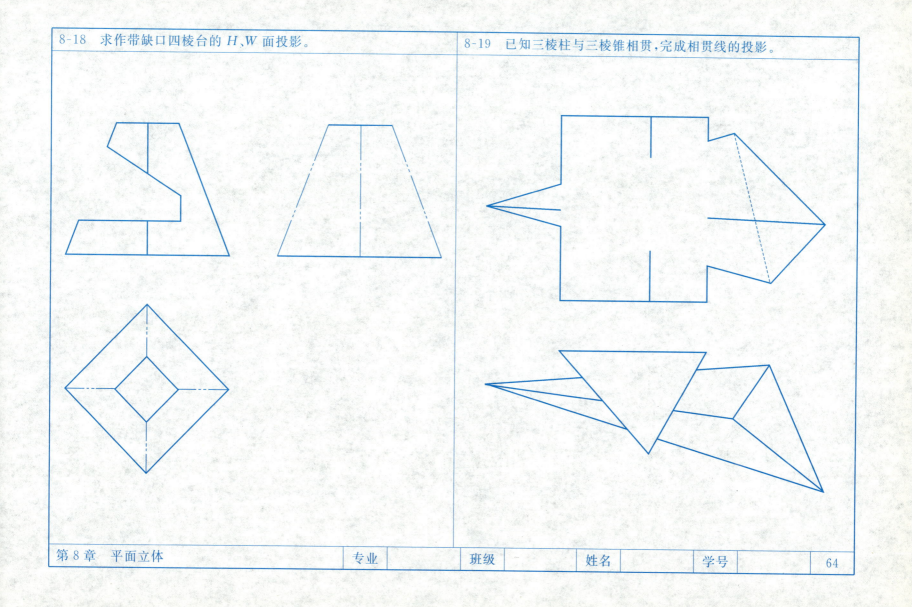

8-20 已知三棱柱与三棱锥相贯,完成相贯线的投影。

8-21 已知三棱柱与三棱柱相贯,完成相贯线的投影。

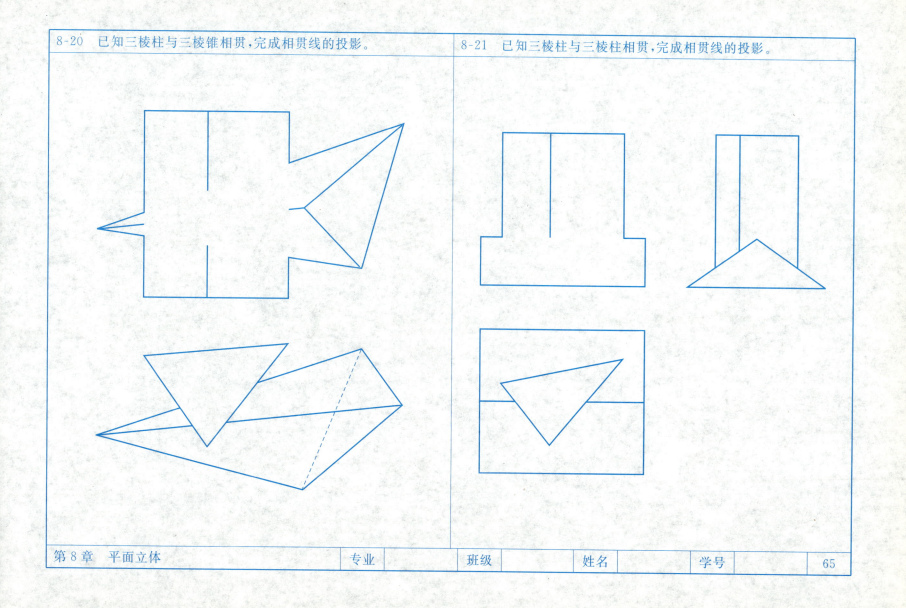

第8章 平面立体　　专业　　班级　　姓名　　学号

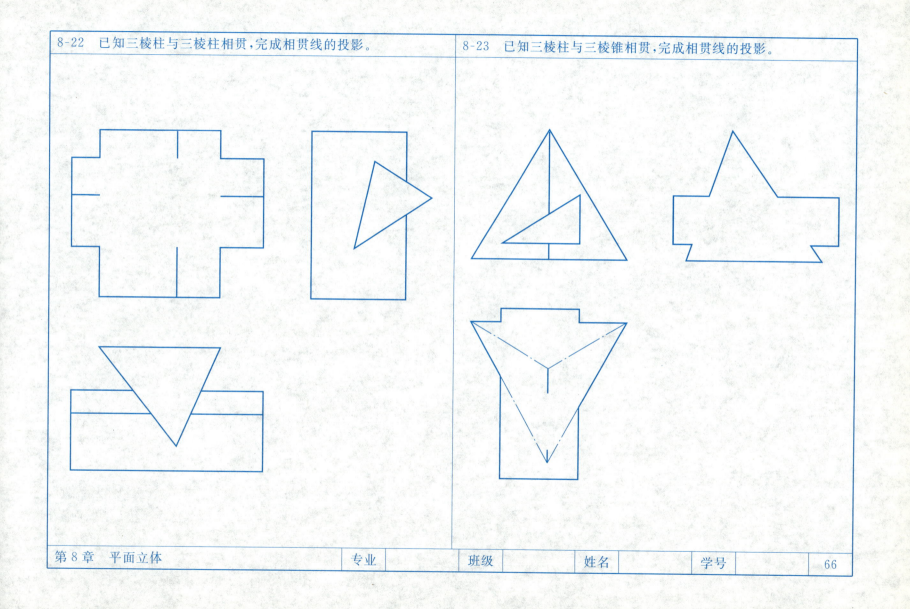

9-1 填空题,在题中的空白处填上正确的答案。

1. 当点连续运动的轨迹有一定规律性时,形成的曲线称为_____,反之称为_____。

2. 凡曲线上_____不在同一平面上,称为空间曲线;凡曲线上所有点_____,称为平面曲线。

3. 当圆所在平面倾斜于投影面时,其投影为_____;当圆所在平面垂直于投影面时,其投影为_____;当圆所在平面平行于投影面时,其投影为_____。

4. 直线或曲线在一定限制条件下运动而成的图形称为_____;运动的直线或曲线,称为_____;运动时所受的限制,称为运动的_____。直线或曲线运动到曲面上任一位置时,称为曲面的_____。

5. 在限制条件中,把限制母线运动的直线或曲线称为_____,把限制母线运动状态的平面称为_____。

6. 实际工程上:根据母线运动方式的不同,曲面可以分为两大类,即_____和_____;根据母线形状的不同,曲面可以分为两大类,即_____和_____。

7. 在曲面的定义中,_____的曲面称为直纹曲面;_____的曲面称为曲纹曲面。

8. 由母线绕一轴线旋转而形成的曲面称为_____。

9. 在曲面上取点,可作辅助圆的前提是曲面为_____。

10. 在圆柱表面取点,当利用辅助线时,辅助线为_____;在圆锥面上取点,当利用辅助线时,辅助线为_____。

11. 在圆锥表面上确定点的投影,常用方法有_____和_____;在圆球表面上确定点的投影,常用方法为_____。

12. 单个平面截切曲面体的截交线是封闭的_____,或者是由_____所围成的平面图形,或者是_____。

13. 求作曲面立体截交线的方法有_____、_____和_____。

14. 当求作的截交线的投影为非圆曲线时,必须全部求出那些能明显地控制其形状和范围的_____,然后再按需要求出一些_____,最后依次连成光滑的曲线,并区分_____。

15. 求作曲面立体截交线的特殊点包括_____、_____、曲线特征点、结合点。

16. 用垂直于回转轴的平面截回转体,所截得的图形为_____。

17. 当截平面与旋转轴_____时,平面与回转体截交截得的图形为圆。

18. 平面截切轴线垂直于侧平面的圆柱,当_____时截交线在水平面上的投影是圆。

19. 当圆柱体被单个截平面所截切,其截交线的空间形状常有三种情况,分别为_____、_____和_____。

第 9 章　曲线、曲面及曲面立体

20. 单一截平面与圆锥体的截交线根据截平面与圆锥轴线相对位置的不同而不同，其空间形状通常有五种情况，分别为_____、_____、_____、_____和_____。

21. 当圆锥体的截交线由不完整的椭圆弧及直线段所组成时，截平面的位置为_____。

22. 平面截圆球时，截交线的空间形状为_____，其投影可能为_____、_____、_____。

23. 平面立体和曲面立体相贯，相贯线由若干段_____或_____组成。

24. 平面立体和曲面立体相贯，贯穿点是平面立体的_____与曲面立体的_____的交点。

25. 四棱柱与圆锥体相贯，其贯穿点的数目最多为_____个。

26. 求平面立体与曲面立体的相贯线，实质就是求解_____与_____。

27. 在判别可见性时，某段相贯线分别属于圆锥的左后侧面及四棱柱的左前侧面，则该段相贯线的 V 投影_____，其 W 投影_____；某段相贯线分别属于圆球的右上后侧面及四棱柱的左前侧面，则该段相贯线的 V 投影_____，其 W 投影_____。

28. 若两相贯点分别位于圆锥的左半部分及四棱柱的左前、左后棱线上，则这两个相贯点_____相连。

第 9 章　曲线、曲面及曲面立体

9-2　已知平面曲线的 V 面投影，求其 H 面投影。

9-3 已知某圆圆心 O 的 H、V 面投影,圆的直径为 40,圆平面垂直于 V 面,$α=40°$,试求作该圆的三面投影。

9-4 已知某圆圆心 O 的 H、V 面投影,圆的直径为 30,圆平面平行于 W 面,试求作该圆的三面投影。

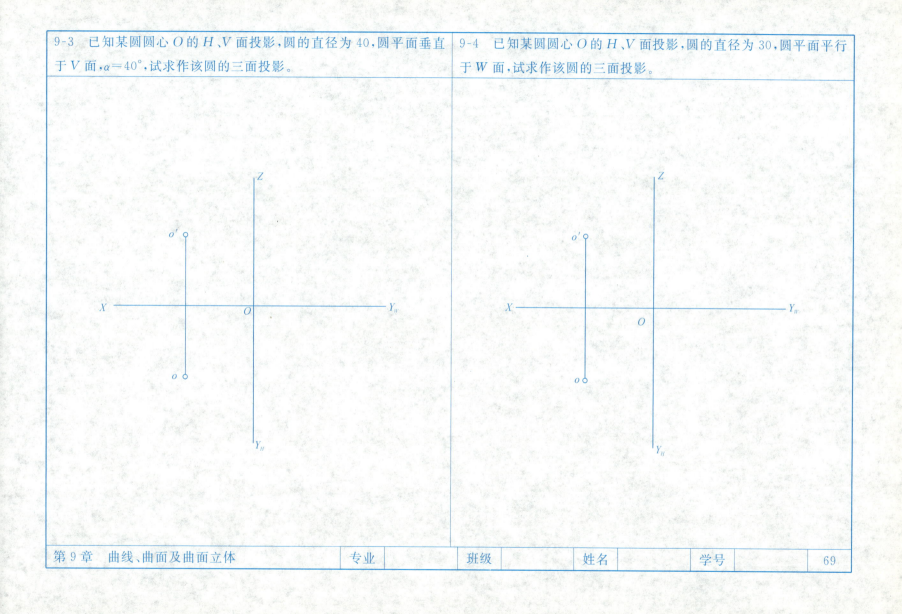

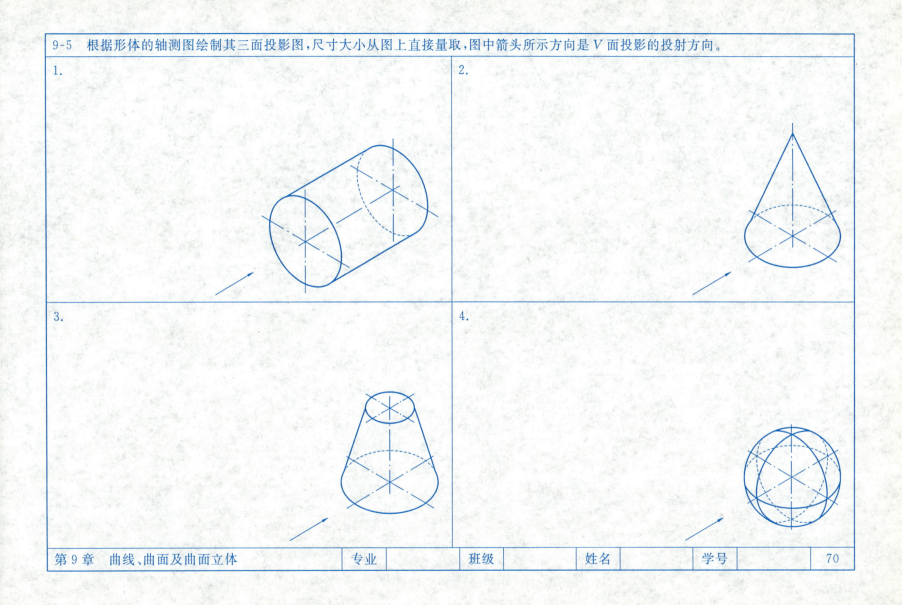

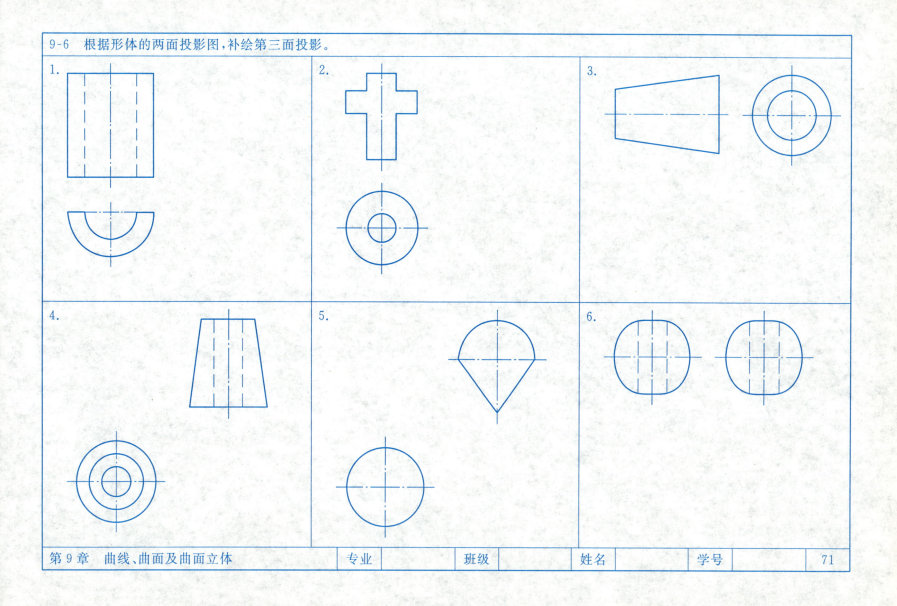

9-7 已知曲面立体的三面投影，试完成立体表面上各点及线的三面投影。

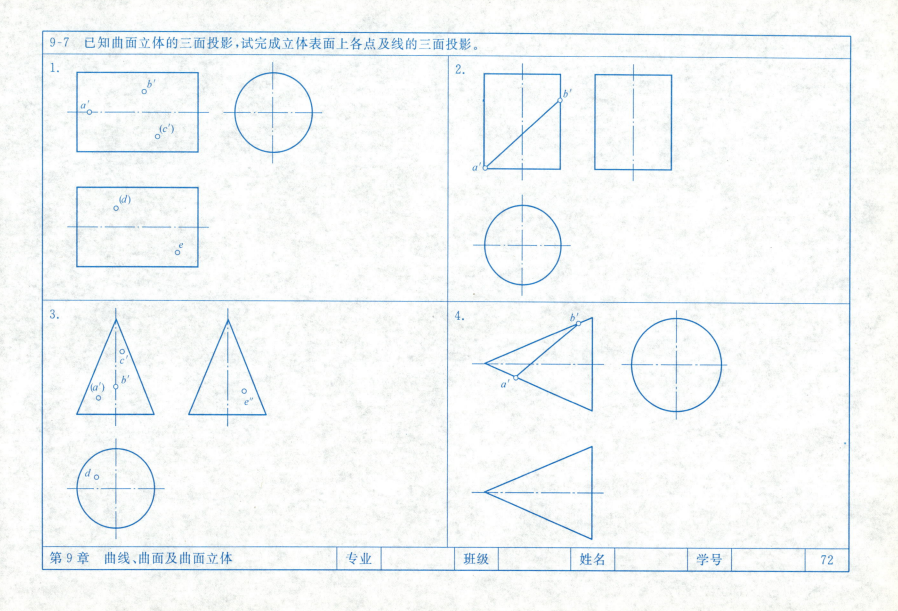

第 9 章　曲线、曲面及曲面立体

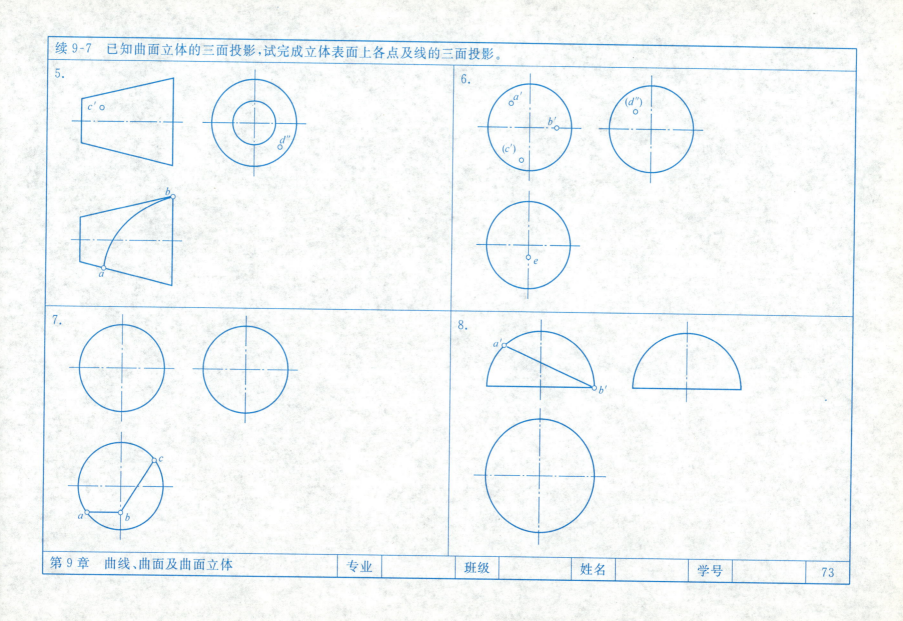

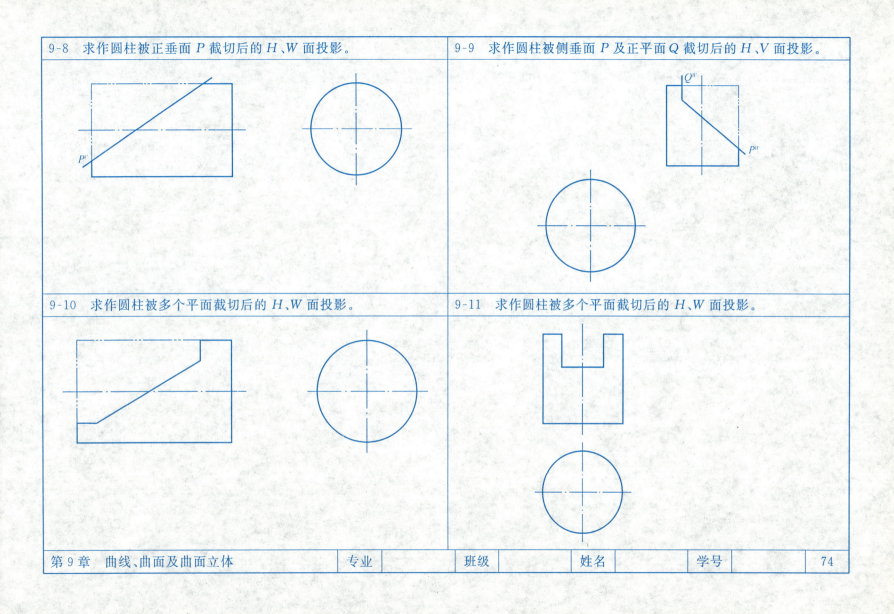

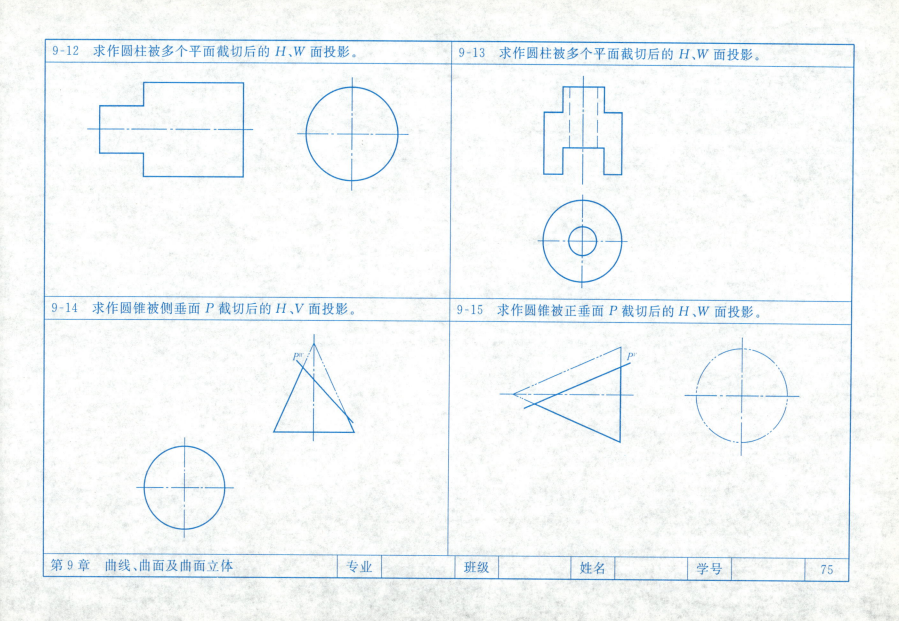

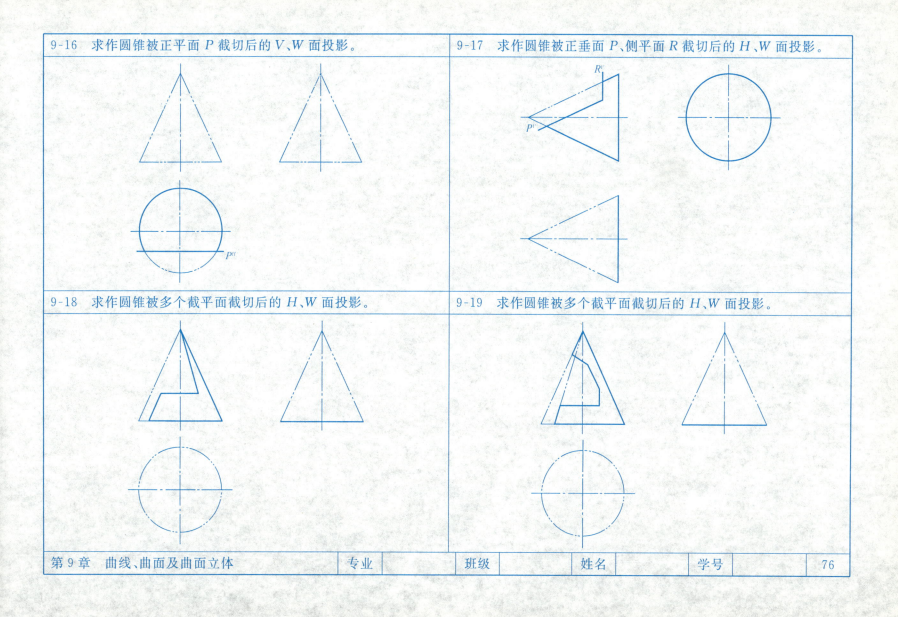

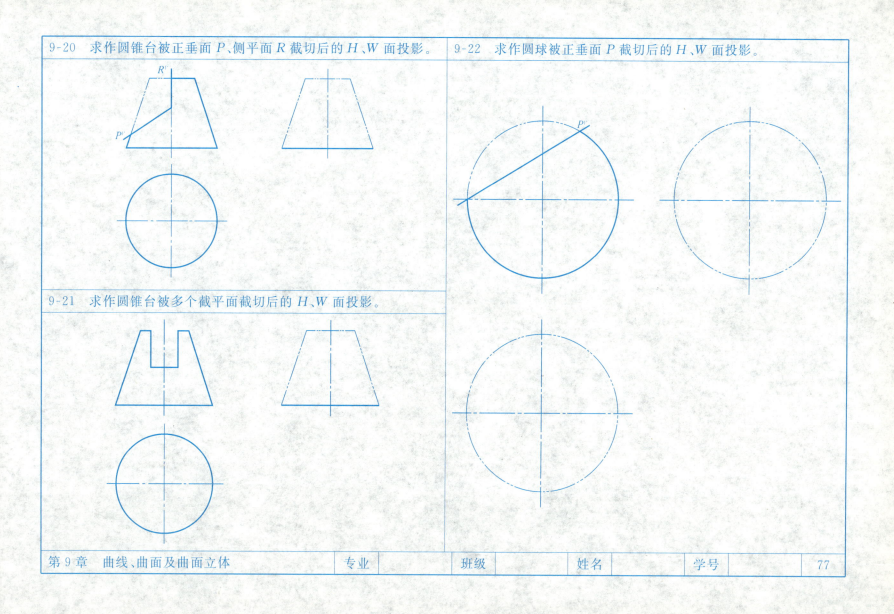

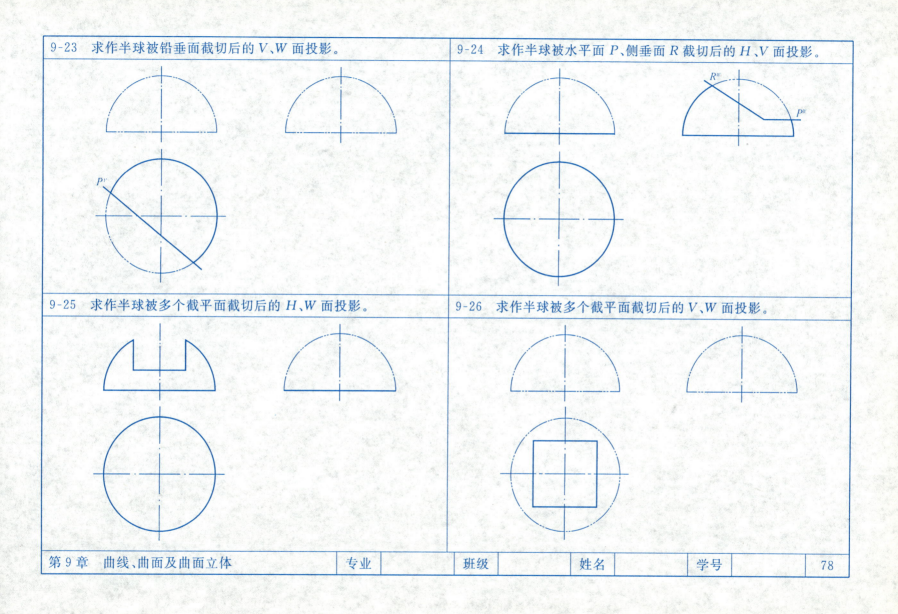

9-27 求作圆柱与三棱柱相贯的 V 面投影。

9-28 求作圆柱与四棱柱相贯的 V 面投影。

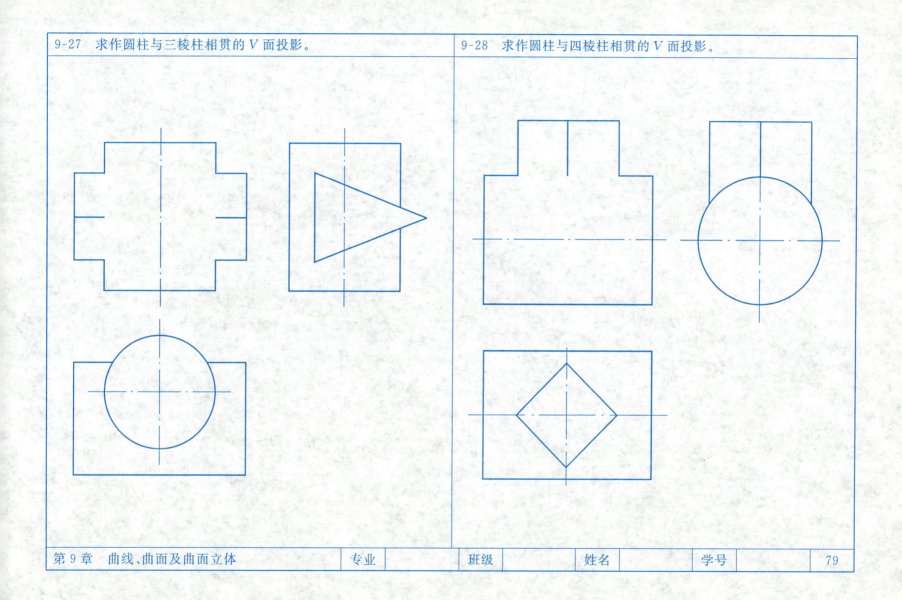

第 9 章　曲线、曲面及曲面立体

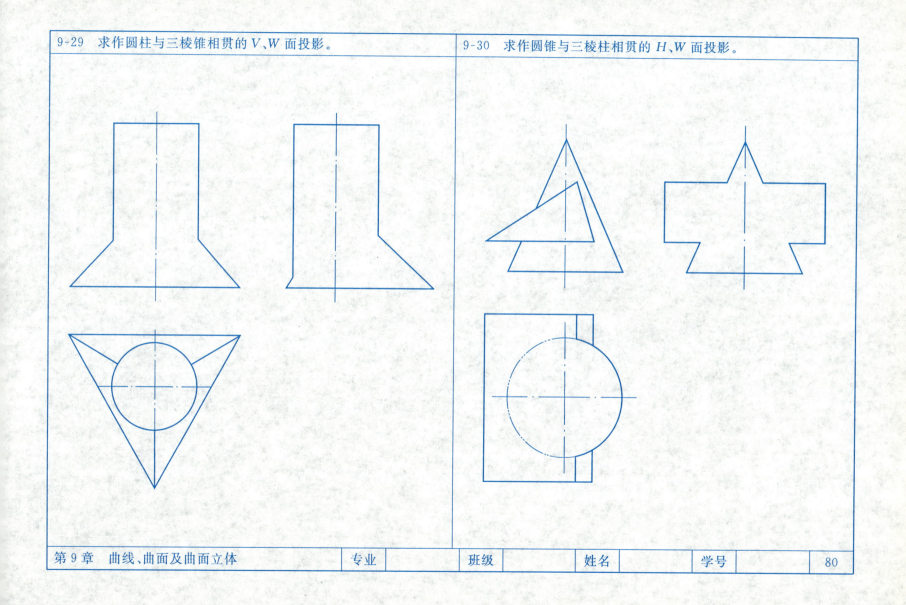

9-31 求作圆锥与四棱柱相贯的 V、W 面投影。

9-32 求作半球与三棱柱相贯的 V、W 面投影。

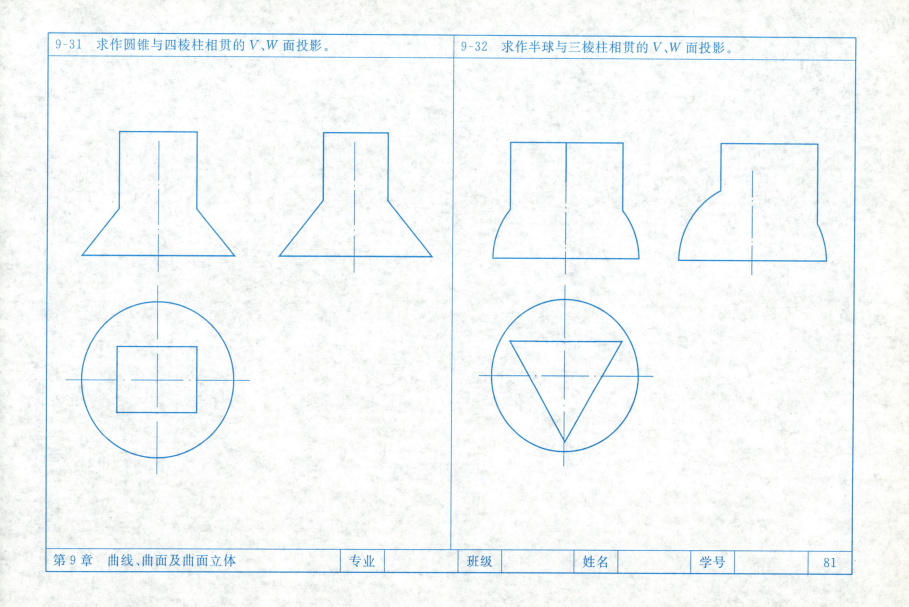

第 9 章　曲线、曲面及曲面立体

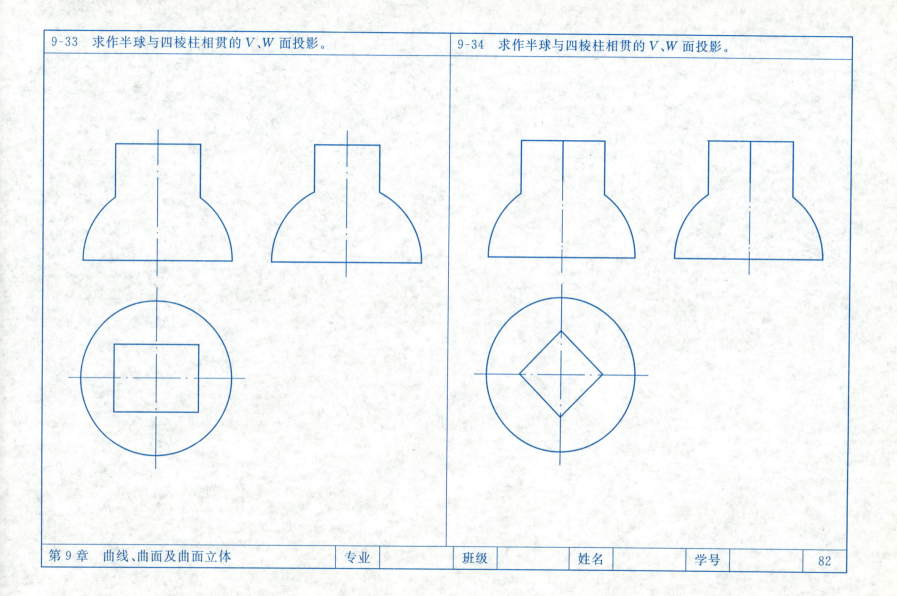

10-1 填空题，在题中的空白处填上正确的答案。

1. 组合形体可以看成是由基本形体通过_____或_____或_____而组成的。

2. 形体分析法分析组合形体的过程是先将形体_____，再进行_____，最后再_____。

3. 组合形体的组成方式有_____、_____和_____三种。

4. 叠加是基本形体通过_____而形成组合形体，其构成方式又有_____、_____、_____和_____四种。

5. 两基本形体的表面除结合面外还有相邻的表面平齐共面，称为_____叠加；两基本形体的表面除结合面外再无其他公共表面，相邻表面相互错开，称为_____叠加；两基本形体的表面除结合面外相邻表面（平面与曲面或曲面与曲面）相切，称为_____叠加；两个基本形体除结合面外有相邻表面相交，称为_____叠加。

6. 切割是基本形体_____而形成组合形体。

7. 采用形体分析绘制组合形体投影的步骤是：先进行_____，再进行_____，确定_____，画出_____，最后进行_____。

8. 在确定组合形体的摆放位置时，应注意使组合形体处于自然的_____，并使_____。

9. 在确定组合形体正面投影的投射方向时，应使组合形体的主要表面放置于_____的位置，并选择_____的正面投影图所对应的投射方向作为绘制组合形体正面投影图的投射方向；此外，还应适当地考虑尽量避免_____。

10. 确定组合形体投影图数量的原则是_____。

11. 在摆放时，形体在三个投影面上的投影应保持_____、_____、_____的投影关系。

12. 组合形体的读图是利用读图方法通过形体的_____，想象其_____的过程。

13. 形体投影图中的图线可能是_____、_____、_____；线框可能是_____、_____、_____。

14. 形体投影图中相邻封闭线框可能是_____或_____；相邻线框的分界线可能是_____或_____；一封闭线框中包含另一封闭线框可能是_____或_____。

15. 线面分析法中的线框是_____的投影，而形体分析法中的线框是_____的投影。

第 10 章　组合形体

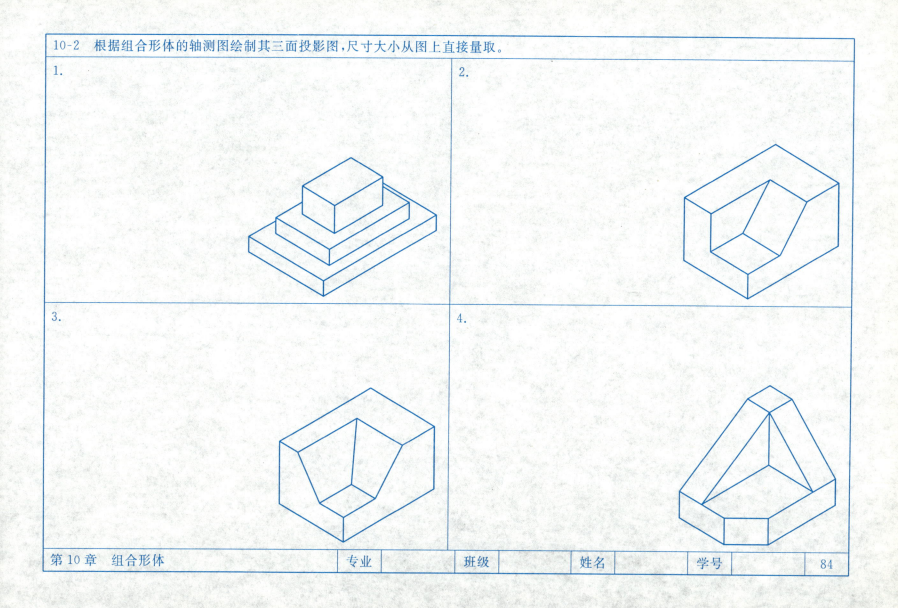

续 10-2　根据组合形体的轴测图绘制其三面投影图，尺寸大小从图上直接量取。

5.

6.

7.

8.

第 10 章　组合形体

续 10-2　根据组合形体的轴测图绘制其三面投影图，尺寸大小从图上直接量取。

9.

10.

11.

12.

第 10 章　组合形体　　专业　　班级　　姓名　　学号

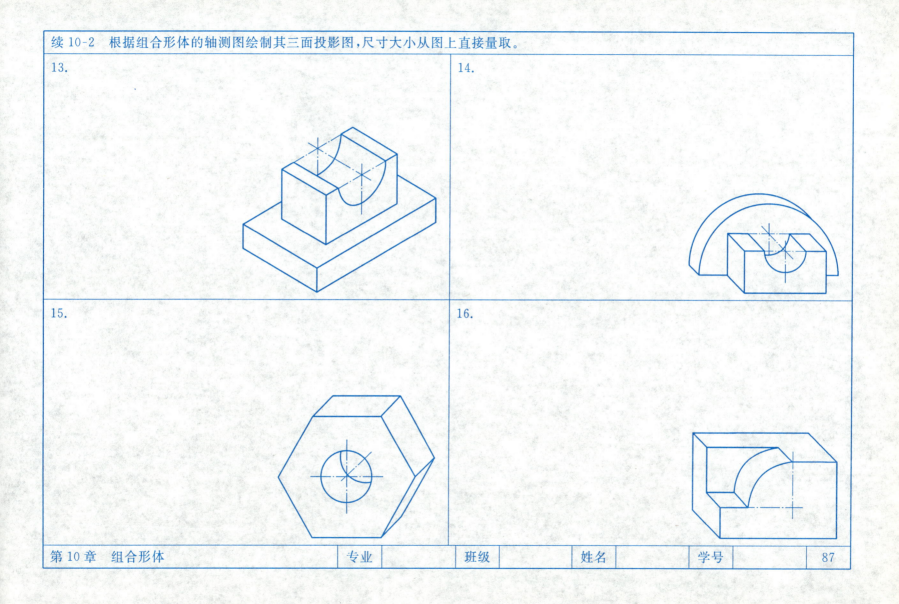

续 10-2　根据组合形体的轴测图绘制其三面投影图,尺寸大小从图上直接量取。

17.

18.

19.

20.

第 10 章　组合形体　　专业　　班级　　姓名　　学号

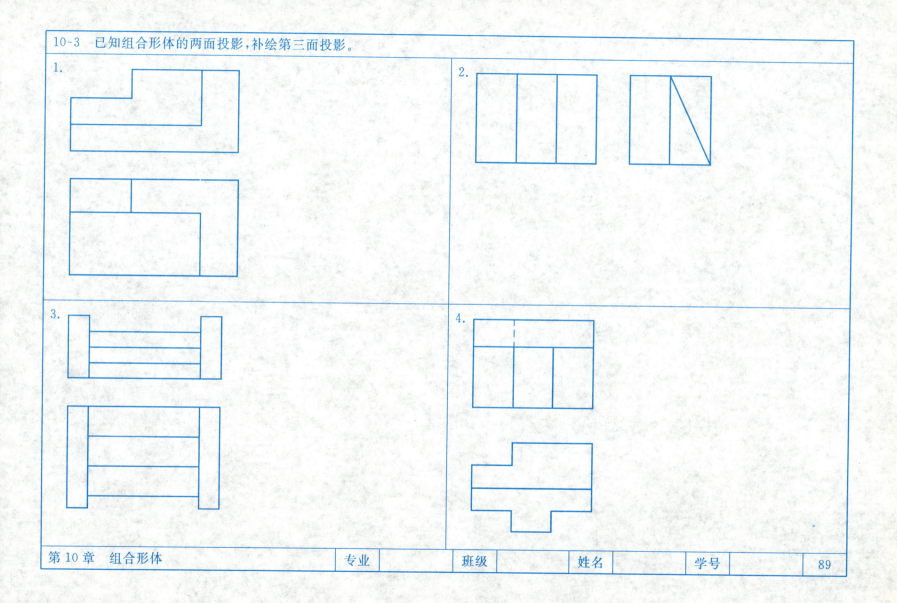

续 10-3 已知组合形体的两面投影，补绘第三面投影。

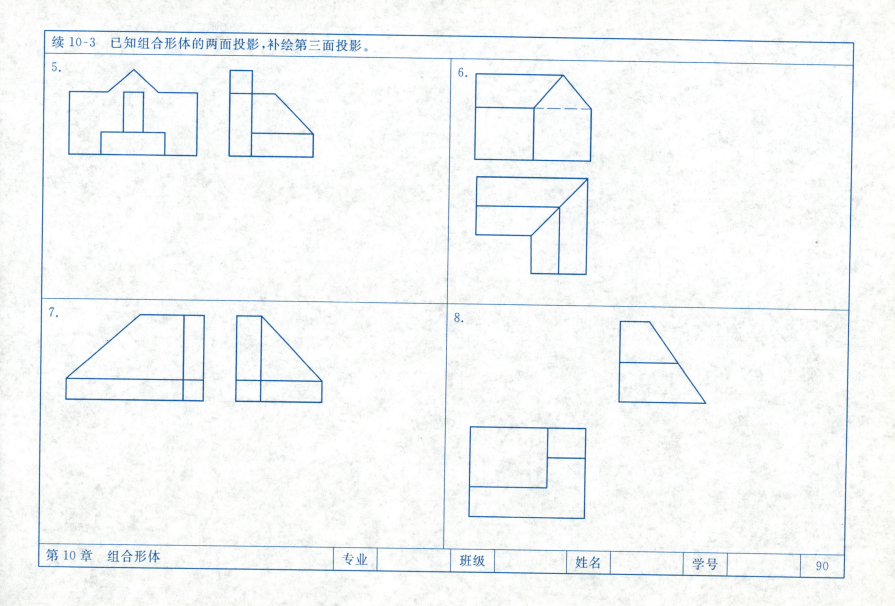

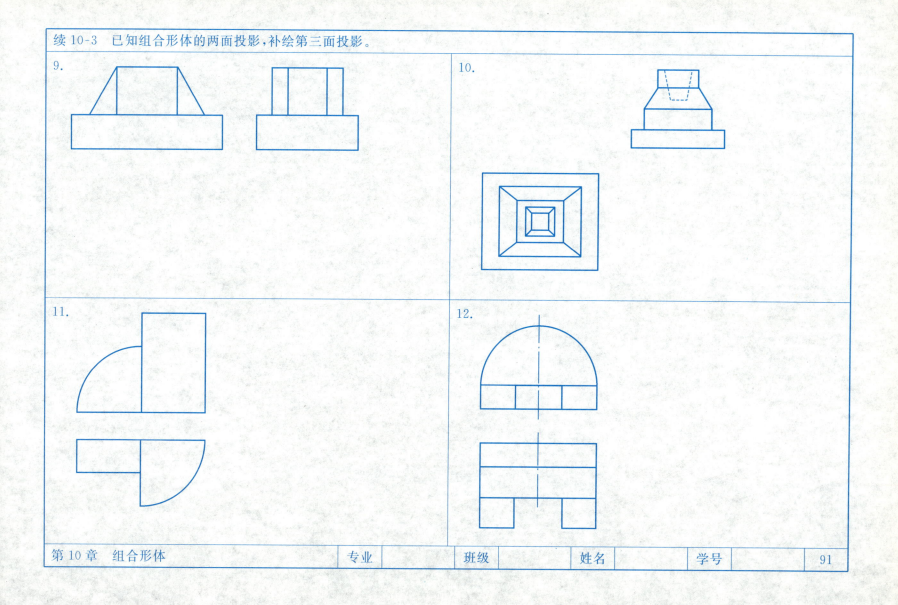

续 10-3 已知组合形体的两面投影,补绘第三面投影。

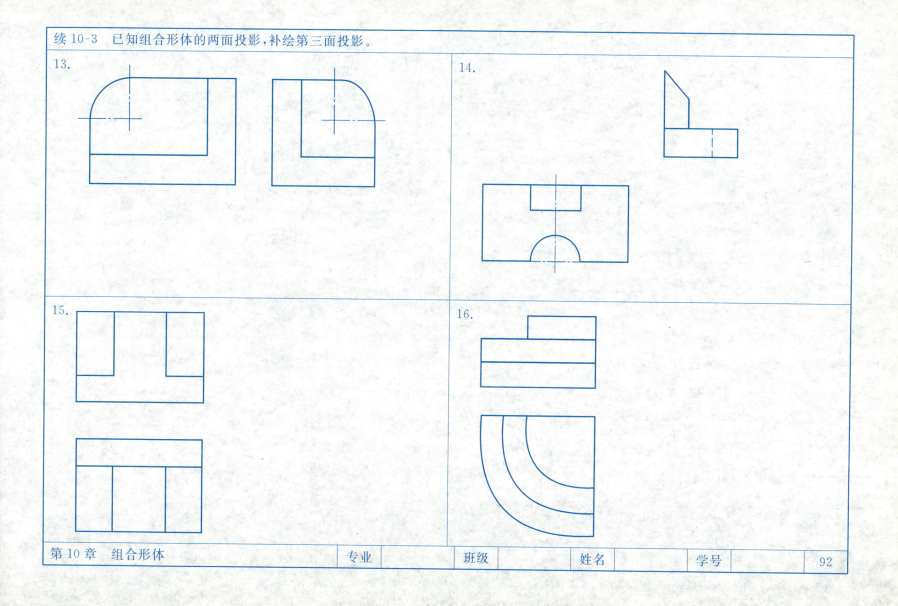

续 10-3 已知组合形体的两面投影，补绘第三面投影。

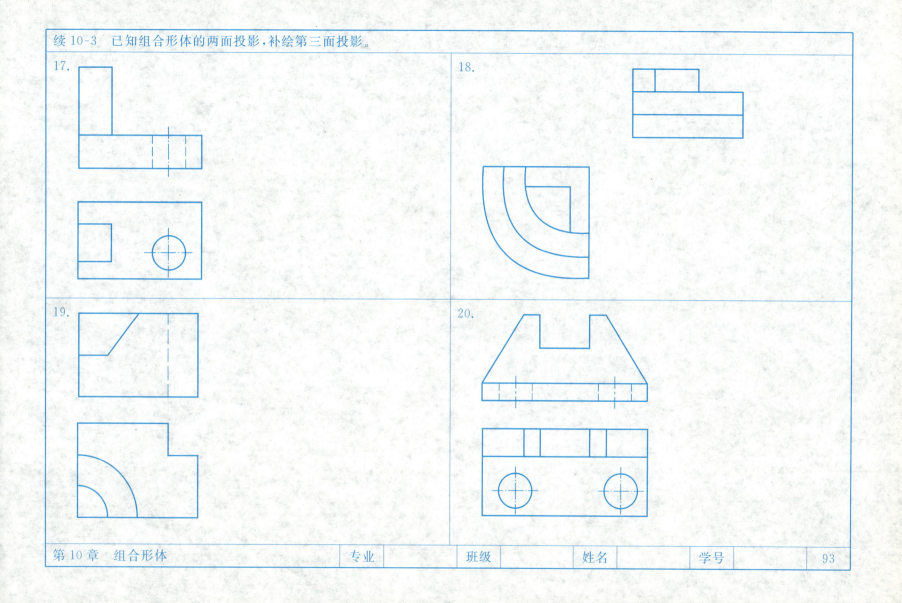

第 10 章 组合形体

10-4 补画下列组合形体投影图中所缺的图线。

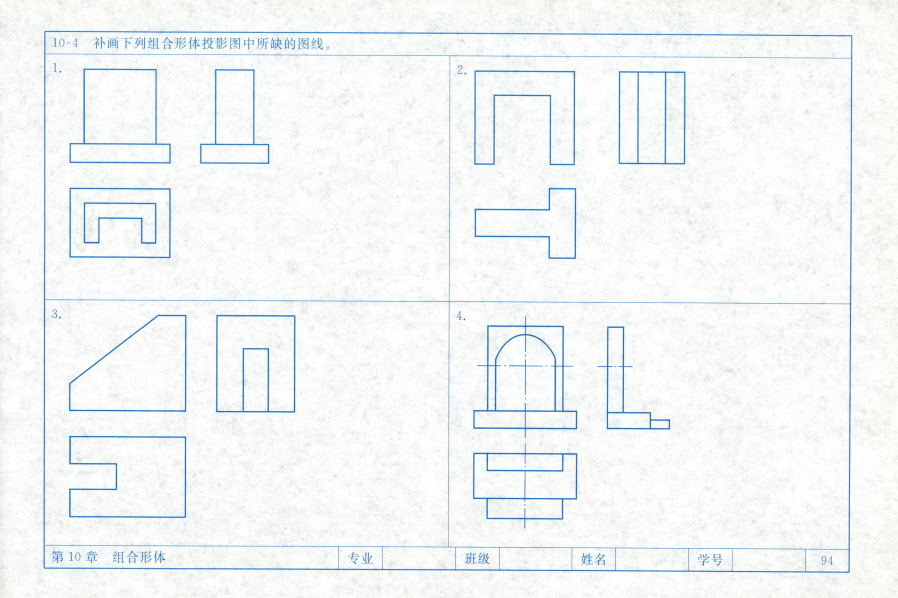

续 10-4 补画下列组合形体投影图中所缺的图线。

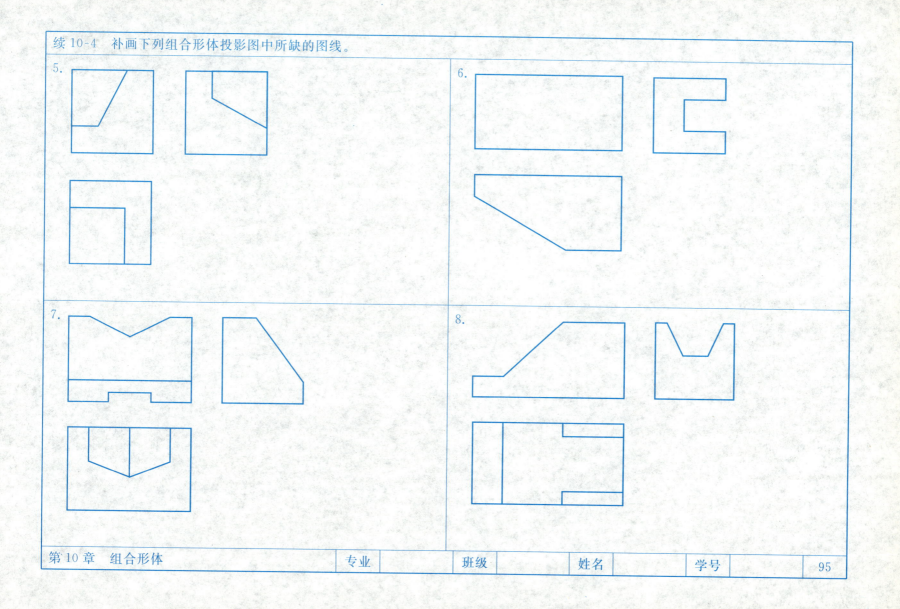

第 10 章 组合形体

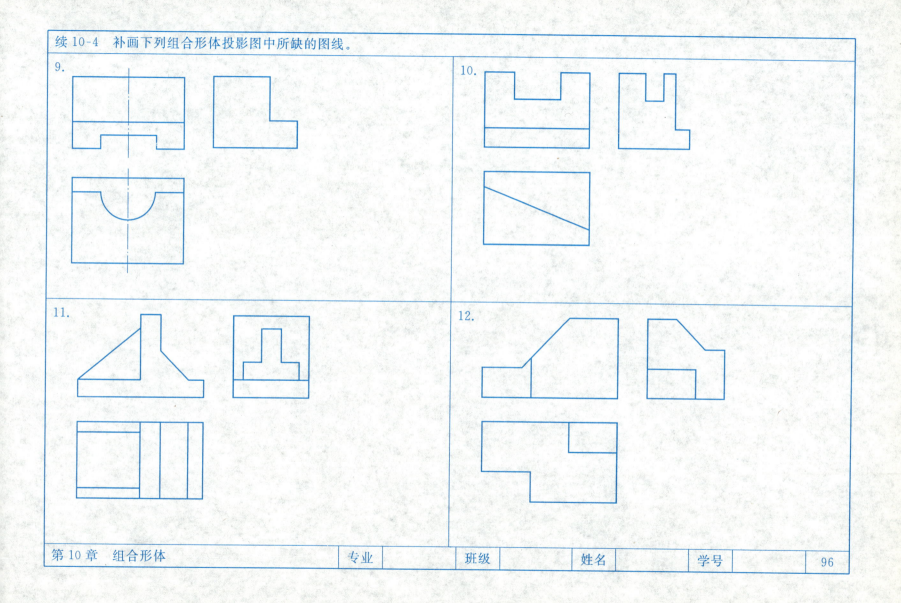

11-1 填空题,在题中的空白处填上正确的答案。

1. 轴测投影图是一种_____面投影图,采用_____投影法绘制。
2. 轴测图由于绘制复杂、度量性差,因此常用做_____。
3. 轴测投影可分为正轴测投影和_____两类。
4. 线段在_____的单位长度与_____的单位长度之比称为轴向伸缩系数。
5. 空间某线段平行于直角坐标轴,长度为2,其相应的轴测投影长度为1.5,则该轴的轴向伸缩系数为_____。
6. 轴间角是指_____之间的夹角,三个轴间角的总和为_____。
7. 正轴测投影可分为正等轴测投影、_____和正三等轴测投影。
8. 正等轴测投影的轴向伸缩系数有_____个相等,正二等轴测投影的轴向伸缩系数有_____个相等,正三等轴测投影的轴向伸缩系数有_____个相等。
9. 某正二测图的 X、Z 向的轴向伸缩系数均为 0.94,则其 Y 向的轴向伸缩系数应为_____。
10. 斜轴测投影根据轴向伸缩系数的不同,可以分为斜等测、_____和_____。
11. 平行线的轴测投影_____,其投影长之比_____。
12. 某轴测投影沿 X、Y、Z 向的伸缩系数分别为 1、0.6、1,某平行 Y 轴线段的实长为 4 mm,则其轴测投影长度应为_____ mm。
13. 根据轴测投影的基本性质,曲线的轴测投影一般仍为曲线,曲线的切线的轴测投影仍为该曲线的轴测投影的切线,则圆的轴测投影一般为_____,外切于圆的正方形在轴测投影中成为外切于_____的_____。
14. 正轴测投影一般采用_____投影法绘制,投射线_____于轴测投影面。
15. 正等轴测投影中,其轴向伸缩系数_____,为_____。
16. 正等轴测投影中,其轴间角_____,为_____。
17. 正等轴测图常采用简化的轴向伸缩系数,其值为_____,用其绘制的图形将比采用实际轴向伸缩系数绘制的轴测图在每个线性尺寸上_____(填"放大"或"缩小")了_____倍。
18. 绘制立体的正等轴测图采用的方法有坐标法、_____、_____、_____等,其中最基本的方法是_____。
19. 在正二测投影中,沿 X 向、Y 向、Z 向的轴向伸缩系数分别为 0.94、_____。
20. 在正二测投影中,OX 轴与水平线的夹角为 7°10′,OY 轴与水平线的夹角为 41°25′,在绘制轴测图时,以上两个角的正切常简化为_____、_____(请用分数表示,若用小数表示不得分)。
21. 平行于 XOZ 坐标面的圆的正等测椭圆,其长轴⊥_____轴,短轴∥_____轴。

第 11 章 轴测投影

22. 属于或平行于坐标面的圆（直径为 d）的正等测椭圆的长短轴长度，按 $p=q=r=0.82$ 作图时，分别为 d、$0.58d$；当按 $p=q=r=1$ 作图时，分别为_____、_____。

23. 斜轴测投影一般采用_____投影法绘制，投射线_____于轴测投影面。

24. 斜轴测投影可以分为正面斜轴测投影、_____、_____。

25. 正面斜轴测投影图的 OX 轴与 OZ 轴的轴间角为_____。

26. 正面斜轴测投影根据轴向伸缩系数的不同又可以分为正面斜等测图、_____、_____。

27. 正面斜轴测投影中 OY 轴与水平线的夹角常为_____，OY 轴的伸缩系数常为_____。

28. 在正面斜二测图中，宽度方向的轴向伸缩系数为_____。

29. 水平面斜轴测图的 OX 轴与 OY 轴的轴间角恒为_____。

30. 水平斜二测图中，_____轴的轴向伸缩系数为 0.5。

31. 绘制正面比较复杂的形体的轴测投影，采用轴测图的种类为_____时较为简单。

32. 当形体仅在某一个坐标面及其平行面上有复杂图案时，选用_____轴测投影图较为简单。

33. 当形体在某两个或三个坐标面及其平行面上有圆或圆弧等复杂图案时，选用_____轴测投影图较为简单。

11-2 作形体的正等测图。

1.

2.

第 11 章 轴测投影

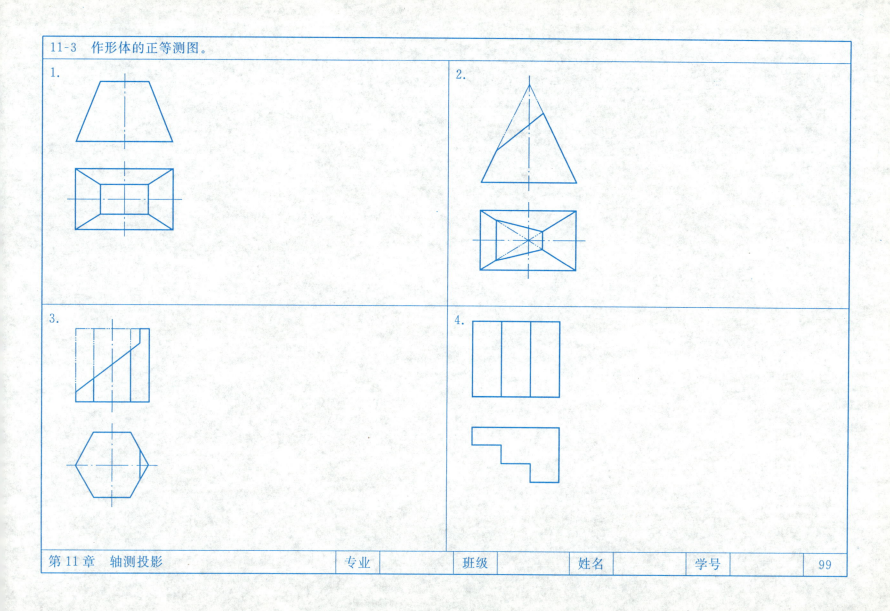

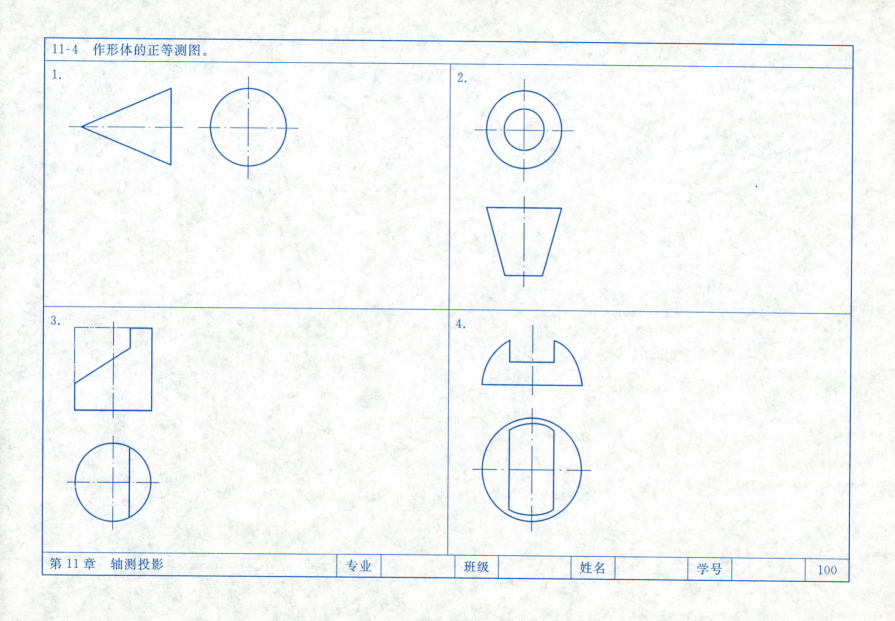

11-5 补绘形体的第三面投影图,并作正等测图。

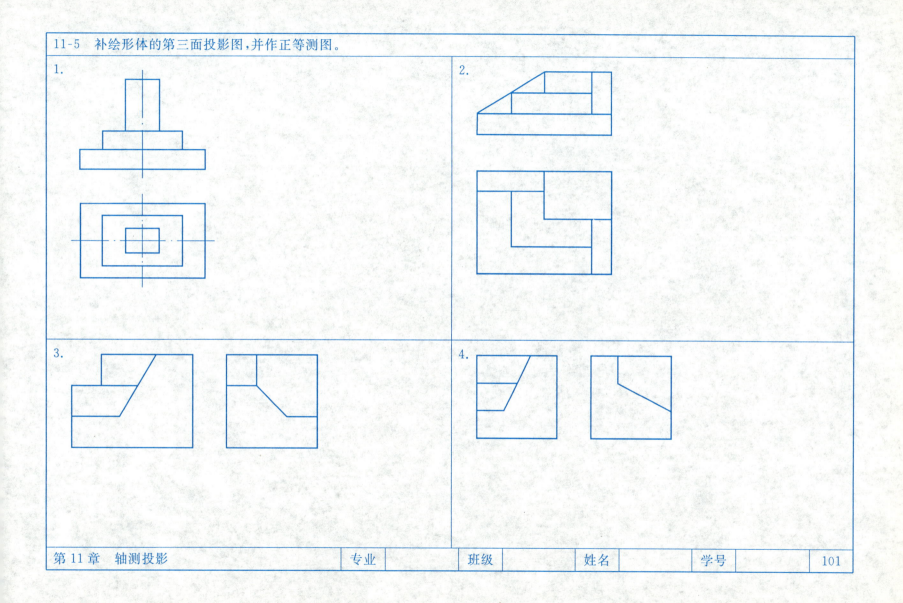

11-6 作台阶的正等测图。

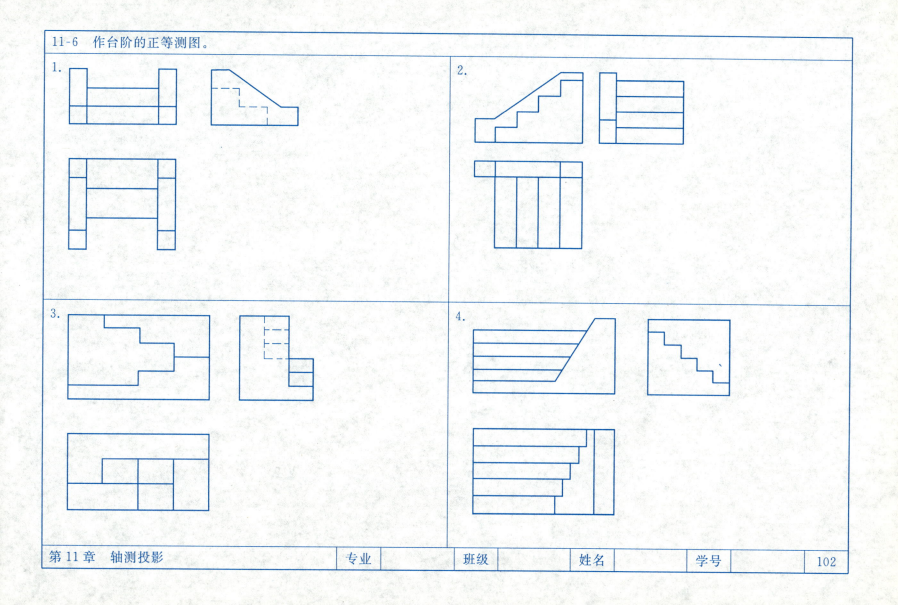

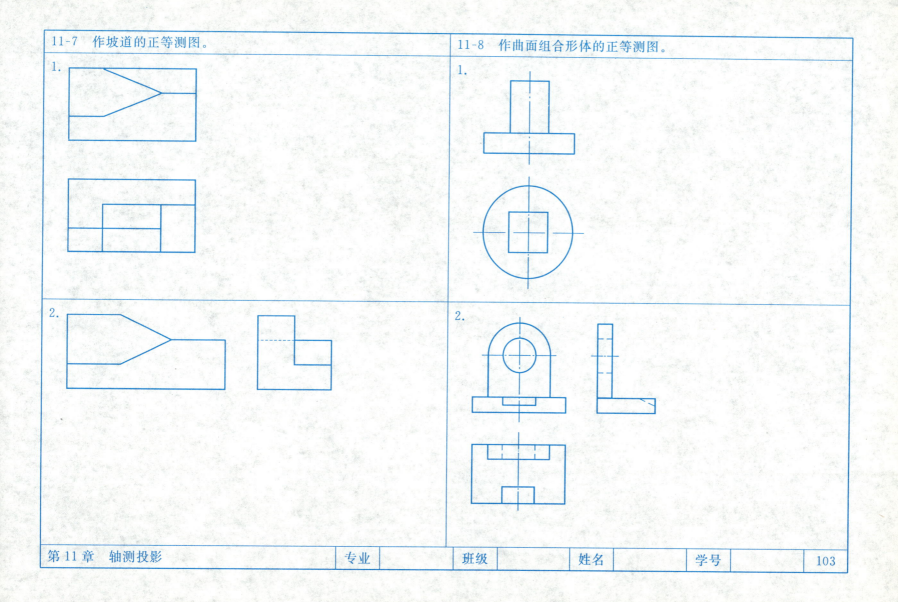

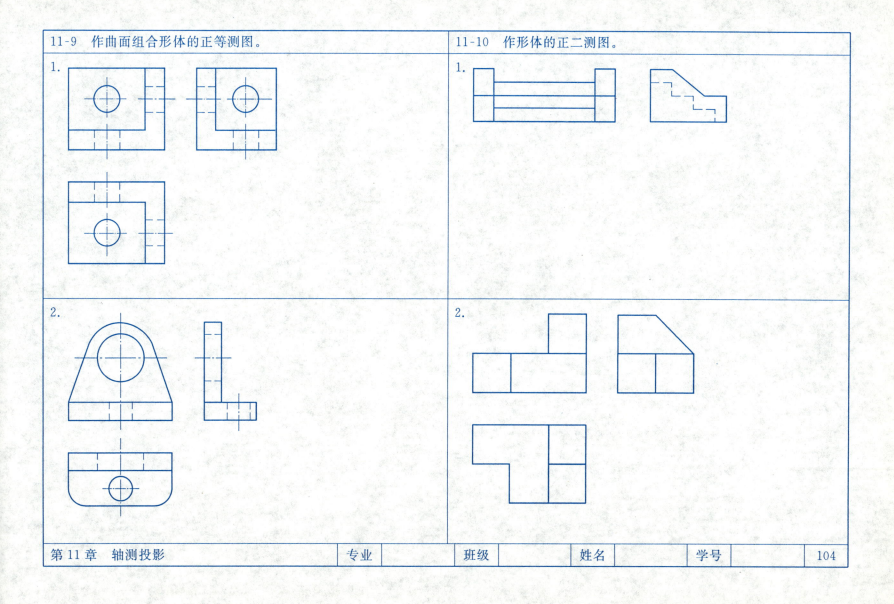

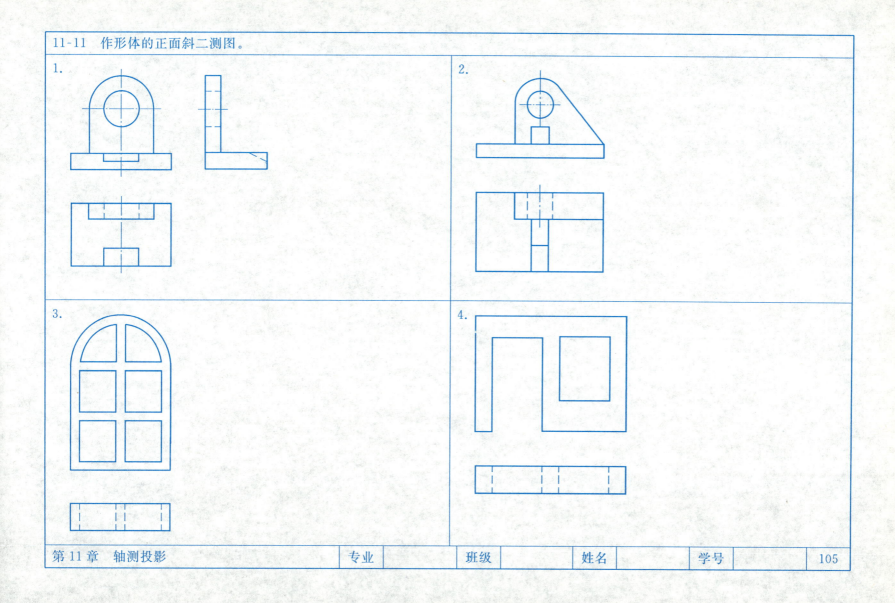

11-12 作形体的水平斜等测图。

11-13 自选轴测投影方法作形体的轴测图。

1.

2.

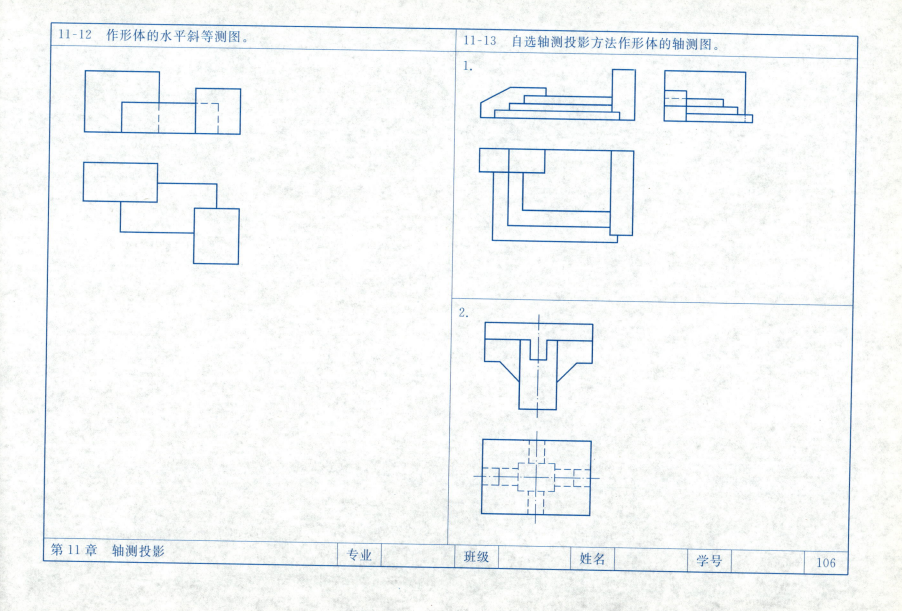

第 11 章　轴测投影

参 考 文 献

[1] 大连理工大学工程画教研室. 画法几何习题集[M]. 4版. 北京:高等教育出版社,2003.

[2] 同济大学建筑制图教研室. 画法几何习题集[M]. 3版. 上海:同济大学出版社,2008.

[3] 黄水生,李国生. 画法几何习题集[M]. 3版. 广州:华南理工大学出版社,2008.

[4] 何铭新. 画法几何及土木工程制图习题集[M]. 2版. 武汉:武汉理工大学出版社,2003.

[5] 黄水生,李国生. 画法几何及土建工程制图习题集[M]. 广州:华南理工大学出版社,2008.

[6] 卢传贤. 土木工程制图习题集[M]. 2版. 北京:中国建筑工业出版社,2003.

[7] 张英. 建筑工程制图习题集[M]. 北京:中国建筑工业出版社,2005.

[8] 聂旭英. 土木建筑制图习题集[M]. 3版. 武汉:武汉理工大学出版社,2005.

[9] 陈美华,袁果,王英姿. 建筑制图习题集[M]. 5版. 北京:高等教育出版社,2005.

[10] 唐西隆,罗康贤,左宗义,等. 土木建筑工程制图习题集[M]. 广州:华南理工大学出版社,2003.

[11] 张岩. 建筑工程制图习题集[M]. 北京:中国建筑工业出版社,2003.

[12] 黄水生,李国生. 土建工程制图习题集[M]. 广州:华南理工大学出版社,2002.

[13] 丁宇明,张竞. 土建工程制图习题集[M]. 2版. 北京:高等教育出版社,2007.

[14] 顾文逵,缪三国. 画法几何解题分析与指导[M]. 2版. 上海:同济大学出版社,2006.